내 몸에 맞는
약차 108가지

내 몸에 맞는 약차 108가지

2판 1쇄 발행 2012년 5월 7일

지 은 이 정경대

발 행 인 김청환
발 행 처 이너북
책임편집 이선이

등   록 제 313-2004-000100호

주   소 서울시 마포구 염리동 8-42 이화B/D 807
전   화 02-323-9477
팩   스 02-323-2074
E-mail: innerbook@naver.com

ISBN 978-89-91486-63-8   13590

http://blog.naver.com/innerbook

내 몸에 맞는
약 차 108가지

정경대 지음 | 사진 김완규 (야생화사진가)

이너북

저자의 말

茶는 본래 질병을 치료하기 위한 약재였다. 그러나 그 향긋한 맛에 매료돼 기호품으로 애용되다가 예(禮)는 물론 도(道)에 이르는 마음 닦는 공부의 하나로 생각하기에 이르렀다.

茶가 질병 치료약으로 처음 사용된 시기는 4천여 년 전 중국의 전설적인 황제 삼황(三皇) 중 염제(炎帝) 신농씨(神農氏 ─ 중국의 농업과 의약의 조신)로부터 전해진다.

전설에 의하면 신농씨는 자연의 모든 식물에서 식용이 될 만한 것을 찾아내기 위해 매일 100여 가지의 초목 잎을 따 맛을 보았다 한다. 그러다 독초를 먹고 중독되었는데 우연히 향이 좋은 나뭇잎을 먹고 독이 씻은 듯이 사라졌다는 것이다. 이에 신농씨는 모든 초목이 가진 약성을 찾아내 성분대로 분리시켜 오늘날 한약재로 쓰이게 하였다는 기록이 전해진다.

즉 茶는 본래 기호품이 아니라 약으로 쓰였던 것이다. 그러나 향이 좋은 초목을 차 또는 다라 부르게 되면서 오늘날 즐겨 마시는 茶로 발전하게 되었다. 그렇다고 해서 茶를 가리지 않고 마시는 것은 약을 잘못 먹는 것처럼 대단히 그릇된 습관이다. 초목은 종류별로 약성이 다르기 때문에 체질에 맞지 않은 茶는 오히려 건강을 해칠 수 있다는 사실을 반드시 유념해야 한다. 특히 요즘에는 몸에 좋다는 한방차가 무더기로 쏟아져나오고 있지만 약성이 모두 제각각이므로 누구에게나 다 몸에 좋은 茶가 될 수는 없다.

사람의 병은 오장육부에서 발생하며 茶 역시 초목의 종류에 따라서 성질이 따로 분리되므로 茶의 이런 성질은 오장육부와 코드가 맞는 것끼리 그 기능을 보양한다. 예를 들어서 쓴맛은 심장과 코드가 맞아서 심장을 보양하는데 심장이 실하고 열이 많은 사람이 열이 많고 쓴맛 나는 茶를 마시면 어떻게 될까? 반드시 심장과 폐를 상하게 하고 소화기에도 문제가 생긴다. 또 심장을 보양하는 같은 약재라도 찬 성질이 있고 더운 성질이 있다. 열이 많은 체질이어서 심장에 문제가 있으면 찬 성질의 약茶를 마셔야 하고, 찬 체질이어서 심장에 문제가 있다면 더운 성질의 약茶를 마셔야 한다. 이런 까닭에 한 잔의 茶라도 자신의 체질에 맞게 마셔야 건강에 이롭고 생활에 활력소가 된다.

『내 몸에 맞는 약차 108가지』는 바로 이와 같은 이치에 따라 체질에 맞는 茶를 어떻게 선택해 마시는 것이 옳은지를 구체적으로 기술한 책이다. 이 책을 읽는 독자들마다 멋스럽게 茶를 마시면서 건강도 함께 지키길 기대하면서 머리말에 대한다.

철학박사 仙昊 鄭 慶 大

2장 심장, 소장에 좋은 화차 火茶

정경대 박사의 건강 칼럼 · 66
순도 100%의 자연 그대로의 차맛을 느껴라

3장 비, 위에 좋은 토차 土茶

정경대 박사의 건강 칼럼 · 92
약이 되는 차의 효능

4장 폐, 대장에 좋은 금차金茶

5장 신장, 방광에 좋은 수차水茶

Part 2
질병별 분류 약차

6장 질병을 예방하고 치료하는 약차 藥茶

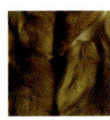

10장 여러 가지 질병에 좋은 茶

Part 1
오장육부별 좋은 약차

1장 간, 담에 좋은 목차木茶

木이란 오행(五行)의 다섯 가지 기질 중에서 하늘과 땅에 존재하는 모든 성질의 하나를 일컫는 용어이다. 다섯 가지 기질의 하나인 木은 우주 공간의 존재물들을 구성하는 한 요소이자 대표적인 문자다. 이러한 木이 내포하고 있는 천지자연의 다양성과 변화를 말로 다할 수는 없지만 일상생활 곳곳에서 그 모습들은 뚜렷이 나타난다.

예를 들면 계절이 봄일 때 방위는 동쪽이며 별은 목성이고 색깔은 녹색을 지닌다. 성질은 온화하되 바람을 일으킨다. 여기서 더 세분화하면 하루 중 아침의 기운이고 오미(五味)는 신맛인데 오곡 중에는 밀, 녹두 등이 있고 인체에 있어서는 간, 담이 근본이 된다. 힘줄과 눈, 손톱, 발톱을 나타내고 성질은 착함이 본질이지만 속성은 분노의 상징이다. 이렇게 木으로 분류되는 모든 것들은 천지자연을 구성하고 있는 요소들 중 한 그룹으로 같은 맥락 속에 있다. 즉 간과 담은 봄, 아침, 신맛, 동쪽, 밀, 녹두, 녹색, 바람, 착함과 분노 등으로 기운이 일치해 서로 통한다. 그러므로 간, 담이 허약한 사람은 木에 속하는 자연과 음식, 茶를 즐겨야 건강해진다. 즉 간, 담이 허약하면 木의 기운을 온몸에 받아서 간, 담을 활력이 넘치게 하고 간, 담의 정기를 보양하는 음식을 먹어야 한다.

茶는 근본적으로 한약재에 속한다. 따라서 간, 담에 좋은 차를 마시면 허약한 간, 담을 강건하게 하며 병을 사전에 예방해주고 병을 치료해준다. 이에 간, 담에 좋은 茶를 오행의 논리 속으로 끌어들여 木茶라 하였으며 이제 주변에 흔히 볼 수 있는 초목 중에서 木에 속하는 茶의 재료들을 소개하려 한다(이하에 설명하는 초목들은 모두 동의보감에 실린 것들이다).

무병장수의 효능을 두루 지닌 마법 같은 묘약

구기자

구기자(枸杞子)

Lycium chinensis Mill.

분포지 전국 각지의 마을 근처 둑이나 냇가

생육상 낙엽관목

꽃이 피는 시기 6~9월 **꽃색** 자주색

결실기 8~10월

다른 이름 선인장, 구기, 지선, 구기묘 등

구기자차

효능

간 기능을 활성화하고 신장 기능을 돕는다. 열매를 구기자라 하며 얼굴빛을 맑게 하고 강장제는 물론 당뇨, 폐결핵에도 좋다. 뿌리 껍질은 부스럼 병에 효과가 있고 해열 작용을 한다. 잎은 당뇨병에 효과가 좋다. 소주 1.8ℓ에 구기자 200g, 꿀 350g 정도를 넣고 어두운 곳에 밀봉해뒀다가 2개월 후부터 매일 30g 정도를 잠자기 전에 한 잔씩 마시면 정력이 강화된다.

주의 : 위장이 약하여 소화가 잘 안되거나 설사를 잘하는 사람은 복용을 금지한다.

만드는 방법

1. 구기자 또는 구기잎을 물에 씻어 물기를 뺀다.
2. 재료를 차관에 넣고 물을 부어 끓인다.
3. 물이 끓으면 불을 줄여 약한 불로 은근하게 오래 달인 후 건더기는 체로 걸러낸다. 4. 차에 꿀을 약간 타서 마신다.

재료

구기자 또는 구기잎 15g, 물 600㎖, 꿀 약간

구기자
차가운 성질, 단맛과 쓴맛

전국 각지에 분포되어 있는 나무이다. 6~9월에 자주색 꽃이 피고 가지는 황회색이다. 무병장수한다는 말이 어울릴 만큼 다양한 약리 작용을 가지고 있다. 특히 구기의 어린잎에서 나오는 단백질은 자양 강장, 피로 회복에 효과적이며, 잎에는 모세혈관 등의 혈관 벽을 튼튼하게 해주는 기능은 물론 동맥경화를 예방하는 비타민C가 풍부하다.

노란 빛깔 속에 숨겨진 향기로운 보혈제

모과

모과(木瓜)

Chaenomeles sinensis Koehne

모과 열매

분포지 전국의 마을 부근

생육상 낙엽교목

꽃이 피는 시기 5월 **꽃색** 황색(노란색)

결실기 9~10월

다른 이름 모개나무, 추피모과, 선모과, 광피모과 등

모과차

효능

간의 기(氣)가 막혔을 때 통하게 하고 근육의 경련을 풀어준다. 설탕에 절여서 밀봉했다가 3개월 후에 茶로 마시면 피를 맑게 해 피부가 윤택해진다. 근육을 튼튼하게 해주며, 구역질이 날 때 멎게 한다. 열이 있을 때 생강과 함께 달여 마시면 열을 내려주고 감기에도 좋다. 위를 편안하게 해주고 습을 제거하며 설사를 멎게 한다. 장염에도 치료와 예방 효과가 있다. 특히 기관지천식이나 알레르기성 천식으로 기침이 심할 때 모과차를 상복하면 진정이 된다.

만드는 법

1. 물 2ℓ에 마른 모과 40g, 계피 5g을 넣고 15분 정도 끓인다.
2. 주전자에 넣어서 끓인 뒤 설탕이나 꿀을 타서 수시로 마시거나 쪄서 가루낸 것을 찻잔에 타 마셔도 좋다.

재료

마른 모과 40g, 계피 5g, 물 2ℓ, 설탕이나 꿀 약간

모과

따뜻한 성질, 신맛

모과나무 과실로 만든다. 9~10월에 잘 익었을 때 채취해야 향기도 좋고 약효도 뛰어나다. 신맛이 나며 기운은 약성으로 덥다. 높이 10m 이상의 큰 나무에서 자라며 잘 익은 황색 열매를 딴다. 막 따서 끓는 물에 5~10시간 정도 담갔다가 건진다. 햇빛에 주름이 잡힐 정도로 말랐을 때 2쪽이나 4쪽으로 쪼개서 붉은 색이 나올 때까지 말리면 된다.

제2의 산삼이라 불리는 항염, 진통 치료제

오갈피나무

오가피(五加皮)

Acanthopanax sessiliflorus Seem.

오갈피나무 열매

분포지 전국 각지

생육상 낙엽 관목

꽃이 피는 시기 8~9월 **꽃색** 자주색

결실기 10월

다른 이름 오갈피나무, 참오갈피나무 등

오갈피차

효능

간을 보호해주며 관절염과 중풍 예방은 물론 눈이 밝아지고 주름이 펴진다. 여성의 경우 자궁을 흥분시키는 약효도 들어 있다. 남성의 음낭이 습하거나 여성의 냉대하에도 효과가 있다. 염증을 줄이는 동시에 진통 작용이 있다. 중추신경 흥분 현상이 있어 피로 회복, 정력 감퇴, 기억력 상실 등에 좋다.

만드는 법

1. 나무를 잘라 껍질을 벗겨 말린 것을 달인다.
2. 뿌리는 가을이나 겨울에 채취하고 잎은 봄, 여름, 가을에 채취하여 사용한다.
3. 잎은 데치듯 살짝 쪄서 말리며 주전자에 10~15g 정도의 오갈피를 물 700㎖ 와 함께 1시간 정도 끓여서 마신다.

재료

잘 말린 오갈피 10~15g, 물 700㎖

오갈피
따뜻한 성질, 매운맛과 쓴맛

높이가 3~4m 되는데 뿌리 근처에서 가지가 많이 갈라져 나온다. 가느다란 가지는 회갈색이며 8~9월에 꽃이 피고 색깔은 자줏빛이다. 가시오갈피, 섬오갈피, 지리산오갈피, 일반 오갈피 등으로 분류한다. 오갈피는 여름과 가을에 채취하여 껍질을 벗겨서 햇빛에 말린 후 잘게 썰어서 사용한다.

눈을 밝게 하며, 간장의 기능을 튼튼하게 하는 강장제

결명자

결명자(決明子)

Cassia tora L.

분포지 고령, 강진, 장흥

생육상 콩과의 한해살이풀

꽃이 피는 시기 6~7월   꽃색 노란색

결실기 9~10월

다른 이름 하부차, 긴강남차

결명자차

효능

간의 독과 열을 없애고 간의 기(氣)를 보호하며 특히 풍을 예방하는 데 탁월하다. 눈을 밝게 하는 효능이 있으나 이미 시력이 떨어진 사람이나 노환인 사람에게는 별 효과가 없다. 하지만 속이 냉하거나 찬 사람의 경우에는 오히려 몸을 더 차게 하고 설사를 자주 하게 하는 단점이 있으니 주의가 필요하다. 반면 변비가 많은 사람들에게는 하루 2~3회씩 번갈아 나눠 마시면 효과를 볼 수 있다. 또한 평소 혈압이 높은 사람은 혈압을 내려준다. 독충에 물렸을 때는 씨앗을 찧어서 바르면 특효하다. 신장을 돕고 해열 작용도 한다.

만드는 법

1. 결명자 20g 가량을 차관에 넣고 물 600㎖를 부어 끓다가 불을 줄여 은근히 오랫동안 달인다.
2. 건더기는 체로 걸러내고 국물만 찻잔에 따라낸다. 기호에 맞춰 꿀 등을 타서 마시면 된다.

재료

결명자 20g, 물 600㎖, 꿀 약간

결명자차
약간 차가운 성질, 쓴맛과 단맛

민가에도 널리 알려져 있는 식물로 종자 말린 것을 결명자(決明子)라 한다. 콩과에 속하는 긴강남차의 씨를 말려서 긴강남차라고도 부르며, 초결명이라고도 한다. 결명자는 눈을 밝게 해주는 특징이 있어 가성근시에 유효하다. 또한 눈을 많이 쓰는 수험생들에게 특히 유용하게 쓰인다. 전국 각지에서 기르며 주로 고령이나 강진, 장흥에서 많이 재배한다.

여인들의 산전산후에 좋은 함박웃음같은 치료제

작약

작약(芍藥)

Paeonia aliflora Pall. var. *tiricocarpa* Bunge

분포지 의성, 여천, 고성, 단양, 장흥 등

생육상 다년초(여러해살이풀)

꽃이 피는 시기 5~6월

꽃색 흰색 또는 붉은색 결실기 8~10월

다른 이름 함박꽃, 금작약, 목작약 등

작약차

효능

간 기능을 보호하고 손상된 간을 치료한다. 어혈을 풀어주어 산후조리에 좋다. 설사에 효과가 있으며 기관지에 좋고 염증을 완화하며 스트레스로 인한 위궤양을 치료한다. 혈관을 확장시켜주기도 한다. 산전, 산후로 인해 생기는 여자들의 여러 가지 증상에 효과적이며 월경을 순조롭게 해준다.

주의 : 약성이 차므로 속이 냉한 사람이 먹으면 배가 아프고 기운이 빠지므로 주의를 요한다. 이 경우에는 술에 잠깐 담갔다가 프라이팬에 노릇노릇할 정도로 볶아서 쓰면 약성의 찬 기운이 많이 완화된다.

만드는 법

1. 작약의 뿌리를 캐어 햇볕에서 말린다.
2. 작약 15g, 물 400cc, 생강 3쪽, 대추 4개를 준비한다.
3. 준비한 재료와 물을 넣고 잘 우려낸 후 꿀을 타서 마신다.

재료

작약 15g, 물 400cc, 생강 3쪽, 대추 4개, 꿀 약간

작약
냉한 성질, 쓴맛과 신맛

함박꽃이라고도 한다. 흰 꽃은 금작약, 붉은 꽃은 목작약이라 부른다. 다년초로서 꽃은 5~6월에 피며 원줄기 끝에 꽃이 한 송이만 피고 꽃받침은 5개이다. 『동의보감』에서 작약은 혈비(血痺 : 몸은 비만인데 골격이 가늘고 마르는 병)를 낫게 하고 혈맥을 통하게 하며 어혈을 없앤다고 씌어 있다. 주로 의성, 여천, 고성, 단양, 장흥에서 많이 재배한다.

끈질긴 생명력을 지닌 건위 강장제

질경이

차전자(車前子)

Plantago asiatica L.

분포지 전국 산야의 습지대, 길가의 빈터

생육상 다년초(여러해살이풀)

꽃이 피는 시기 6~8월   꽃색 흰색

결실기 9월

다른 이름 부이, 마사, 빼부장이, 길장구, 차전자 등

질경이차

효능

간 기능을 보양하며 소변을 잘 나오게 하고 결명자처럼 눈을 밝게 해주는 특징이 있다. 설사, 안질, 방광염, 끓는 담을 해소하며 고혈압에도 효과가 있다. 또한 기침을 자주하는 사람들에게도 좋으며, 이뇨 작용이 강해 소화를 촉진시켜주며 위궤양 예방에도 무척이나 유효하다. 빈혈 환자나 요도염, 월경 과다 등의 부인과계통 질환에도 특효하다.

만드는 법

1. 봄에 한창 신선한 잎을 채취하여 그늘에서 말린다.
2. 잘 말려진 잎을 종이봉지에 넣어 습기가 없고 통풍이 잘 되는 장소에서 보관해두고 쓴다.
3. 차전초를 깨끗이 씻어 끓는 물에 삶는다.
4. 고운 천으로 짠 다음, 차전초 5~20g과 물 500cc를 넣고 끓인다.
5. 따끈할 때 하루 2~3회씩 나누어 마시며 설탕이나 벌꿀을 한 스푼씩 타서 마셔도 좋다.

재료

차전초 5~20g, 물 500cc, 설탕 또는 벌꿀 약간

질경이
차가운 성질, 단맛

일명 차전자(車前子)라고도 한다. 구체적으로 따지면 차전초는 질경이를 그늘에서 말린 것이고 차전자는 질경이 씨앗을 말한다. 길가에 흔히 자라는 다년초로 줄기가 없고 잎이 많은 것이 특징이다. 무기질과 단백질, 비타민 성분 등이 골고루 들어 있어 봄철에 나물로 삶아 먹기도 하고, 먹을 것이 귀하던 시기에는 죽으로 먹기도 했다고 한다. 질경이는 이름에서도 그 생명력을 짐작할 수 있을 만큼 생명력이 매우 강한 풀이다.

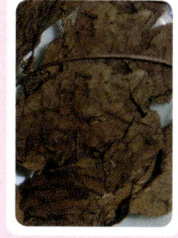

산수유

산수유(山茱萸)

Cornus officinals S. et Z.

산수유 열매

분포지 전국의 각 마을 부근

생육상 낙엽교목

꽃이 피는 시기 6~7월   꽃색 연한 녹색

결실기 9~10월

다른 이름 멧대추나무, 산조인, 산대추나무 등

산수유차

효능

붉은 열매을 달여서 차로 마시면 피가 맑아져 신장과 폐가 약한 사람들에게는 약이 된다. 간을 보호하고 이롭게 해주며 허리나 무릎 아픈 데 쓰인다. 땀을 멎게 해주는 것은 물론 자윤(滋潤), 익정(益精), 수렴(收斂)의 효능이 있어 전반적으로 허약한 체질을 가진 남성이나 식은땀을 많이 흘리는 사람들이 지속적으로 복용하면 효과를 본다. 산수유차는 정력 강장제로도 명성이 높다.

만드는 법

1. 잘 익은 산수유 과실을 채취하여 깨끗이 씻고 햇볕에 약 일주일 정도 말린 다음 씨를 제거한 후 다시 햇볕에 완전히 말린다. 2. 산수유 150g을 맑은 물 10ℓ (5되)에 넣고 센 불에 1시간, 약한 불에 2시간 정도 끓인다. 3. 차가 3ℓ 정도 남았을 때 건더기를 건져낸다.
4. 설탕 또는 꿀을 입에 맞게 넣어 복용한다. 냉장고에 보관하여 차게 마시면 좋고 이때 도라지, 방풍, 방기 등과는 배합하지 않는다.

재료

잘 말린 산수유 150g, 물 10ℓ, 설탕 또는 꿀

산수유
약간 따뜻한 성질, 신맛

낙엽소교목으로 키가 7m에 이른다. 나무껍질은 연한 갈색이고 가지는 분녹색이며, 껍질이 잘 벗겨진다. 3~4월에 황색으로 꽃이 피며 열매는 긴 타원형으로 8월에 익는데 이 열매를 한약재로 산수유라 부른다. 전국 각지에서 재배하며 특히 구례, 양평, 의성, 이천, 봉화 등지에서 재배한다.

새삼

토사자
Cuscuta japonica Choisy

분포지 지리산, 천마산, 청옥산 등 전국의 산지

생육상 덩굴식물

꽃이 피는 시기 8~9월   꽃색 흰색

결실기 9~10월

다른 이름 토사자, 실새삼 등

새삼자

효능

주로 간과 신장에 들어가 간과 신장을 보호하며 눈을 밝게 해준다. 새삼씨에는 칼슘, 마그네슘, 나트륨, 철, 아연, 망간, 구리 등 광물질과 당분, 알칼로이드, 비타민B1, B2 등이 들어 있다. 또 오줌소태와 소변을 잘 보지 못하거나 설사를 자주할 때 낫게 한다. 태아를 보호하는 작용과 허리나 무릎이 아플 때 효과가 있으며 이명(耳鳴)에 쓰이는 약재이다. 정력 증강에 좋아 특히 남성들에게 유용하다.

만드는 법

1. 토사자는 깨끗이 씻어 물기를 뺀 후 절구 등으로 잘게 빻는다.
2. 차관이나 주전자에 토사자 10g, 물 300g을 넣고 잘 우려낸다.
3. 개인의 취향이나 기호에 따라 꿀이나 설탕을 감미해서 먹어도 좋다.

재료

토사자 10g, 물 300g, 꿀이나 설탕 약간

새삼

평이한 성질, 단맛과 매운맛

새삼의 종자를 토사자라 한다. 기생하는 일년생 덩굴식물이며 줄기는 황색 또는 홍색이다. 꽃은 흰색으로 8~9월에 주로 핀다. 과실은 삭과로서 난형이며 9~10월에 열매가 익는다. 열매를 터뜨려서 종자를 얻는 게 특이하다. 열매는 들깨만하고 빛깔은 갈색이며 보약으로 귀하게 쓰인다. 지리산, 천마산, 청옥산 등지에서 자생한다.

위와 장의 운동 기능을 높이는 건위제

용담

초용담(草龍膽)

Gentiana scabra Bung *var. buergeri* Maxim

분포지   제주도, 남부 · 중부 · 북부 지방의 산과 들
생육상   다년초(여러해살이풀)
꽃이 피는 시기   8~10월   꽃색   자주색(연한 보라색)
결실기   11월
다른 이름   선용담, 만병초, 초용담, 천용담, 과남풀 등

용담차

효능

간과 담의 기(氣)를 돋워주고 열을 내려준다. 암 치료에도 효과가 있으며 만성간염, 황달에 좋다. 요도염, 류머티즘 등에 항염 작용이 있다. 열을 내리고 염증을 삭이는 작용이 상당히 세다. 특히 간에 열이 성할 때 열을 내리는 작용이 탁월하다. 용담은 혈압을 낮추는 효과를 비롯하여 갖가지 암, 팔다리 마비 등에도 쓰인다. 뿌리를 달인 물은 상당한 항암 효과와 진통 작용이 있다.

주의 : 용담초는 성미(性味)가 매우 쓰고 차기 때문에 원기가 허약하거나 속이 냉한 사람은 복용을 금한다.

만드는 법

1. 용담 뿌리를 햇볕에 잘 말려서 가루를 낸다.
2. 용담 뿌리 2~6g과 물 600㎖ 를 넣고 끓인다.
3. 잘 우려낸 후 체로 걸러서 마신다.

재료

용담 뿌리 2~6g, 물 600㎖

용담

찬 성질, 쓴맛

관음초, 관음풀이라고도 한다. 다년초로서 인삼처럼 뿌리에 수염이 나 있다. 키는 20~26cm 정도가 되며 꽃은 8~10월에 피고 자주색을 띤다. 용담은 뿌리를 주로 쓰며 겐티오피크린이라는 물질이 입 안의 미각 신경을 자극하여 위액의 분비를 늘리는 작용을 한다. 특히 위와 장의 운동 기능을 높이며 갖가지 소화액이 잘 나오도록 한다. 전국의 산과 들에서 자생한다.

산삼과 도라지의 효능을 능가하는 다재다능한 치료제

천마

적전(赤箭)

Gastrodia elata Blume

분포지 지리산, 속리산, 치악산, 천마산, 장수, 파주, 춘성 등

생육상 다년초(여러해살이풀)

꽃이 피는 시기 6～7월   꽃색 황갈색

결실기 9월

다른 이름 수자해좃, 적전 등

천마차

효능

천마에는 필수아미노산과 칼슘, 마그네슘, 칼륨 등의 함량이 매우 높다. 또한 기(氣)가 허할 때 보양해주고 치료한다. 어지러움, 히스테리, 수족 경련, 류머티즘, 요통, 허리통증에도 좋다. 반신불수에도 약으로 쓰인다. 담즙분비 촉진 작용이 있으며 발작을 억제하는 작용이 있다. 중풍, 뇌졸중 등 신경, 뇌 관련 질환에 특효를 보인다. 이밖에 두통, 불면증, 뇌출혈, 고혈압 등에 효험이 있다.

만드는 법

1. 주전자에 물 4ℓ를 넣고 건천마 5~6개를 넣은 후 약한 불에 2시간 정도 달인다.
2. 식힌 차를 냉장고에 보관했다가 물처럼 수시로 마신다. 입맛에 따라 대추, 생강, 꿀 등을 적당히 가미해도 좋다.

재료

건천마 5~6개, 물 4ℓ, 대추나 생강, 꿀 약간

천마
평이한 성질, 매운맛

다년초로서 키가 60~100cm 정도 자란다. 뿌리와 엽록체가 없어서 버섯 균사로부터 영양분을 공급받아 성장하는 기생식물이다. 이름 때문에 흔히 마와 비슷한 식물이라고 생각하지만 재배하는 농민들은 그 효능을 산삼과 도라지에 비할 수 있다고 말한다. 꽃은 6~7월에 황갈색으로 피고 잎이 없는 것이 특징이다. 지리산, 치악산, 천마산 등지에서 자생하고 장수, 파주, 춘성 등지에서 재배한다.

소나무

적송(赤松)

Pinus densiflora S. et Z.

분포지　한국, 중국 북동부, 우수리, 일본

생육상　상록침엽교목

꽃이 피는 시기　5월　꽃색　노란색

결실기　9~10월

다른 이름　솔, 솔나무, 소오리나무 등

솔순식초차

효능

간 기능 강화와 치료에 탁월한 효과가 있다. 피로 회복에 매우 좋고, 근골을 튼튼하게 해주며 음주 후 마시면 주독을 해소해준다. 또한 눈이 피로하거나 눈을 많이 쓰는 사람들에게 좋아 주기적으로 마시면 눈을 맑게 해주는 효능이 있다.

만드는 법

1. 4월에 새순 솔잎을 따서 잘 씻는다. (4월에 채취한 솔순이 가장 깨끗하고 효과가 좋다) 2. 항아리 바닥에 황설탕을 깔고 생솔순을 한 켜 깐다. 그 위에 다시 황설탕을 까는 식으로 몇 차례 깐 뒤 3일 정도 재워둔다. 3. 3일 뒤 끓여서 식힌 물을 자박할 정도로 붓는다. 4. 위 3에 솔순식초 원액을 생수 0.5리터에 원액 50cc(소주잔 한 잔 분량)의 비율로 넣어준다. 5. 한지로 덮고 구멍을 조금 뚫어둔 뒤 100일 정도 숙성시킨 후 먹는다. 6. 식후에 발효된 솔순식초에 취향에 따라 생수나 꿀을 타서 마시면 된다.

재료

생수, 생솔순, 솔순식초, 황설탕, 한지, 꿀

솔순식초
따뜻한 성질, 신맛과 쓴맛

솔순으로 숙성시킨 신맛 나는 발효음료이다. 솔잎이 몸에 좋다는 발표가 나기 전부터 건강 발효음료로 주목 받던 식품. 사찰에서는 정신과 머리를 맑게 한다하여 솔순식초를 즐겨 음용한다. 솔순식초는 스트레스를 다스릴 뿐 아니라 관절염, 고혈압, 동맥경화에도 탁월한 효능을 보인다. 스트레스가 많은 현대인들에게 더할 나위 없이 좋은 식품이다.

건망증 증상을 치유해주는 치료제

석창포

석창포(石菖蒲)

Acorus gramineus Solander

분포지 전국의 연못이나 호숫가(일본, 중국, 인도)

생육상 다년초(여러해살이풀)

꽃이 피는 시기 6~7월   꽃색 연한 노란색

결실기 9월

다른 이름 창포(수창포, 백창포, 니창)

석창포차

효능

심장을 보호하며 심장과 비장의 氣를 통하게 한다. 막힌 위(胃)를 열고 중초(中焦)를 튼튼하게 도와준다. 우울증이나 가슴이 두근대고 불안한 증세, 불면증이 있는 수험생이나 건망증 같은 증상이 있는 갱년기 여성에게 특히 좋은 효과를 나타낸다. 공부하는 학생에게 장복 시키면 대뇌 기능 활성화로 집중력과 의지력이 향상된다. 피부에 진물이 날 때 항균 작용도 한다.

만드는 법

1. 잘게 썬 석창포 10g을 물 2ℓ 정도에 넣고 15분 정도 끓인다.
2. 너무 펄펄 끓이지 말고 서서히 우려낸 뒤 먹는 것이 좋다.
3. 잘 우려낸 석창포를 꿀과 함께 타서 먹는다.

재료

석창포 10g, 물 2ℓ, 꿀 약간

석창포
따뜻한 성질, 매운맛과 쓴맛

다년초로서 못가나 습지, 개울가에 저절로 난다. 6~7월에 연한 노란색으로 피며, 높이는 30cm 내외이다. 땅속 줄기는 살이 쪘고 잎은 삐죽한 칼처럼 생겼으며 잎과 뿌리에서 독특한 향기가 난다. 민간에서는 목욕물에 넣기도 한다. 한국(중부지방 이남) 일본, 중국, 인도 등지에 널리 분포한다.

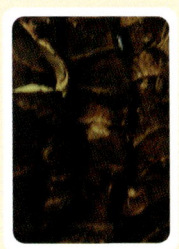

원기 회복 능력에 좋은 자양강장제

맥문동

맥문동(麥門冬)

Liriope platyphylla Wang et Tang

맥문동 열매

분포지 전국의 산과 들

생육상 다년초(여러해살이풀)

꽃이 피는 시기 5～6월 꽃색 연한 자주색

결실기 10월

다른 이름 겨우살이, 겨우살이풀, 맥문동초 등

맥문동차

효능

심기(心氣)가 모자라는 것을 보양해주며 음기가 허해서 나는 허열을 걷어낸다. 들뜬 정신을 안정시키며 당뇨에도 효험이 있다. 호흡기 질병과 해열에 탁월하다. 특히 여름철 열대야로 잠못 이룰 때 열을 식히고 갈증을 멎게 하는 효능이 있다. 기침과 천식을 예방해주는 데 특효하며, 산모가 젖이 나오지 않을 때 차로 달여 마시면 효과를 볼 수 있다. 그 외에도 정신을 맑게 하고, 혈맥의 기를 도우며, 원기를 보충해준다. 특히 겨울철 체력 증진에 좋아 해수, 천식이 있는 노인이나 폐수술을 받은 환자, 신경통, 류머티즘에 좋다.

만드는 법
1. 맥문동을 깨끗이 씻어 잘게 썬 뒤 햇볕에 말린다.
2. 맥문동과 인삼을 2대 1의 비율로 약한 불에서 끓인다. 여름에는 차게, 겨울에는 따뜻하게 해서 마시면 더욱 효과가 좋다.

재료
맥문동 6~12g, 물 700ℓ, 인삼

맥문동
차가운 성질, 약간 쓰고 단맛

맥문동은 백합과의 다년생 초본으로 겨우살이 뿌리라고도 한다. 산지의 나무 그늘에서 난다. 잎은 짙은 녹색이고 꽃은 5~6월에 핀다. 뿌리는 짧고 굵으며, 줄기의 높이는 30~35cm이고 잎은 선형이다. 또한 음지를 좋아해 나무 밑 조경에 필요한 지피식물로 많이 이용되며 잎과 열매가 아름다워 정원이나 공원에서 화초로 심기도 한다. 제주도, 전라남도, 덕유산, 밀양, 울릉도 등지에서 재배한다.

심혈을 보호해주는 보약제
지황

생지황(生地黃)
Rehmania glutinosa Liboschitz

분포지 남원, 정읍, 안동, 의성 봉화 등
생육상 다년초(여러해살이풀)
꽃이 피는 시기 6~7월 꽃색 감색
결실기 2월, 8월
다른 이름 지황, 건지황, 숙지황(종류에 따라)

생지황차

효능

심혈(心血)을 보하고 심장 속의 나쁜 피를 걷어낸다. 혈(血)을 보하고 강장하며 해열한다. 빈혈과 허약증세에 좋다. 기침을 할 때나 피가 나오는 증상이 있을 때 효과적이며, 타박상에 즙을 내 바르면 좋다. 뿐만 아니라 귀가 아플 때 생지황을 불에 태워서 사용하면 탁월한 효과를 볼 수 있다. 또한 충심통(蟲心痛)을 치료해 생지황 즙을 밀가루에 넣어 수제비로 먹거나 쌀에 섞어서 쌀무리를 만들면(소금은 피함) 벌레가 나오지 않는다.

만드는 법

1. 뿌리를 햇볕에 잘 말려서 가루를 낸다.
2. 물 1,000cc를 넣고 끓기 전에 생지황 20g 정도를 넣고 끓인다.(머리가 아플 때 머리를 맑게 해주는 박하를 4g 정도 섞어 달여 마시면 효과가 더 좋다.)

재료   생지황 20g, 물 1,000cc

생지황

차갑고 약간 따뜻한 성질, 단맛

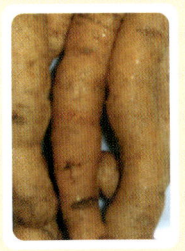

다년초로서 뿌리는 굵고 전체적으로 짧은 털이 나 있으며 감색을 띤다. 꽃은 6~7월에 피며 모양이 나팔처럼 벌어진 게 특징이다. 성분이 차고 맛이 달며 모든 열을 풀어준다. 2월과 8월에 뿌리를 채취해 그늘에 말렸다가 물에 담가 크고 통통한 것을 골라서 쓴다. 특히 황토 땅에서 나는 것이 좋다. 주로 남원, 정읍, 안동, 의성, 봉화 등지에서 많이 재배한다.

맵고 쓰지만 탁월한 효능을 보이는 거담제

원지

영신초(靈神草)
Polygala tenuifolia Willd.

분포지 한국의 중부 이북과 중국 북부

생육상 다년초(여러해살이풀)

꽃이 피는 시기 4~5월 꽃색 자주색, 연한 자주색

결실기 7월

다른 이름 애기풀, 아기풀 등

원지차

효능

심장 기능을 곧게 하며 거담(去痰) 작용이 있다. 여성의 자궁을 수축시키는 작용이 있다. 건망증 치료에 좋으며 오래 마시면 귀와 눈이 밝아진다. 빈혈에 효과적이고 몸이 약해졌을 때나 신경이 곤두서 있을 때 마음을 안정시켜주고 불면증 치료에 좋다. 맛은 맵고 쓰며, 성질이 따뜻하다. 가래 섞인 기침을 할 때, 최면 작용, 용혈 작용 등에 효능이 있다. 그러나 장기 복용하거나 많이 복용하면 위염이 생기기 쉽다. 따라서 위가 약하거나 염증이 있는 사람은 복용을 금한다.

만드는 법

1. 뿌리를 건조해 쪄서 말린 뒤 가루를 낸다.
2. 햇볕에 잘 말린 원지 6~15g을 물에 1시간 정도 담갔다가 200㎖ 가량의 물에 넣고 달여서 하루 3회 한 잔씩 마신다.

재료

잘 말린 원지 6~15g, 물 200㎖

원지
약간 따뜻한 성질, 맵고 쓴맛

애기풀 또는 아기풀이라고 한다. 다년초이며 높이가 30cm 정도 된다. 4~5월에 자주색 꽃이 가지와 줄기 끝에 드문드문 핀다. 꽃잎은 윗부분이 벌어지고 밑부분이 붙어 있으며 끝이 솔처럼 잘게 갈라진다. 열매는 납작하며 한방에서는 뿌리를 원지라고 하며 거담제, 강장제, 강정제로 쓴다. 한국의 중부 이북과 중국 북부에서 분포한다. 강원도와 경기도에서 자생한다.

다양한 약성을 지닌 팔방미인
복령

복령(茯苓)
Poria cocos

분포지 전국 각지의 소나무가 많은 곳
꽃이 피는 시기 꽃색 결실기
다른 이름 복신, 적복령 등

복령차

효능

심장을 보양한다. 해열 작용이 있으며 위를 깨끗이 해주고 근육 경련을 멈춘다. 주근깨를 없애는 데 효과가 있다. 가루를 꿀과 배합해 얼굴에 발라도 좋다. 복령은 수분대사를 촉진시켜 노폐물 배설을 원활하게 해 부종을 가라앉히는 효과가 있다. 마음을 안정시키고 화와 열을 내려주고 갈증을 풀어주는 역할을 한다.

만드는 법

1. 복령을 달이거나 쪄서 가루를 낸다.
2. 복령 15g에 물 6컵을 부어 물이 반으로 줄 때까지 약한 불에 달인다.
3. 잘 우려낸 후 차로 마신다.

재료

복령 15g, 물 6컵

복령

평이한 성질, 단맛

복신이라고도 한다. 소나무를 베어낸 자리에 3~4년이 지나면 흙 속에 묻혀 있는 소나무 뿌리에 혹처럼 생긴 모양으로 둘러싸여 기생한다. 약성이 다양하다. 표면은 적갈색, 담갈색 또는 흑갈색이고 꺼칠꺼칠한 편이며, 때로는 근피(根皮)가 터져 있는 것도 있다. 한국과 중국, 일본에서 분포하며 주로 소나무가 많은 곳에서 자생한다.

각종 부종이나 황달, 간염을 치유해 주는 치료제

옥수수

옥미수(玉米鬚)
Zizyphus jujuba Mill.

분포지 전국의 양지바른 풀밭이나 산

생육상 다년초(여러해살이풀)

꽃이 피는 시기 5~6월 꽃색 흰색

결실기 8월

다른 이름 지치, 자초, 지추, 자초 등

옥수수차

효능

옥수수 알을 달여 마시면 심장에 좋다. 특히 수염 부분을 달여 마시면 건강에 탁월한 효과를 준다. 즉 담과 신장 질환, 간염, 담결석, 황달, 당뇨병, 고혈압 등에 뛰어난 작용을 한다. 소변이 잘 나오지 않으면 꽃대를 달여 마시면 좋다. 습한 것을 제거하고 부스럼에 효과가 있으며 혈압을 내려주고 담즙 분비를 촉진시킨다. 색이 흰 것일수록 부종 방지에 효과가 높다.

만드는 법

1. 날 옥수수를 껍질을 벗기고 알맹이만 냄비에 넣고 볶는다.
2. 볶은 옥수수를 믹서 등에 넣고 간다.
3. 주전자에 2ℓ 정도의 물을 넣고 불에 올려놓은 후 끓기 직전 옥수수를 50~100g 정도 넣고 10분 간 끓인 뒤 마신다.

재료

말린 옥수수 50~100g, 물 2ℓ

옥수수차
평이한 성질, 단맛

전국 각지에서 재배하며 사람들이 좋아하는 곡류 중 하나다. 옥수수 알과 수염에는 약제 작용이 있으며 뛰어난 배뇨 작용이 있어 부종이 생기는 것을 방지해준다. 특히 아침에 일어났을 때 얼굴이 자주 붓는 사람은 옥수수차를 마시면 효과가 있다. 옥수수차를 많이 마시면 신진대사가 활발해지고 칼로리가 많이 소모되므로 다이어트에 효과적이다.

제비꽃

자화지정(紫花地丁)
Viola mandshurica Becker

분포지 전국의 밭둑이나 길가 언덕

생육상 다년초(여러해살이풀)

꽃이 피는 시기 4~5월   꽃색 붉은 빛을 띤 자주색, 보라색 등

결실기 7~8월

다른 이름 오랑캐꽃, 참제비꽃, 전두초, 반지꽃, 여의초, 시름꽃 등

제비꽃차

효능

심장에 열이 많을 때 열을 식혀준다. 피를 맑게 하고 해독한다. 항염, 진통 효과가 있고 갑상선염에도 좋다. 황달, 간염, 수종 등에 쓰이며 향료로도 쓰인다. 맛은 쓰고 매우며 성질이 차서 열을 내려주고 독을 풀며 갖가지 균을 죽이고 염증을 없앤다. 가래를 삭이며 소변을 잘 나오게 하고 불면증과 변비에도 효과가 있다.

만드는 법

1. 제비꽃 줄기를 떼어내고 꽃봉오리만을 쓴다.
2. 그늘에서 3~5일 정도 말린 뒤 밀폐 용기에 담아서 보관한다.
3. 제비꽃 말린 것 2g 정도를 찻잔에 담고 물 600㎖ 를 80~90도 정도로 끓인다. 1~2분 간 우려낸 뒤 마신다.

재료

말린 제비꽃 2g, 물 600㎖

제비꽃
찬 성질, 쓴맛과 매운맛

오랑캐꽃 또는 참제비꽃이라 한다. 유럽에서는 '턱수염 난 고양이' 라는 이름으로 불린다. 다년초로서 꽃이 핀 다음에 잎이 자라며 모양이 삼각형이고 톱니가 있는 게 특징이다. 주로 4~5월에 꽃이 피며 잎 사이에서 꽃줄기가 자란다. 꽃빛깔은 짙은 붉은 빛을 띤 자주색이다. 전국의 산과 들에서 자생한다. 어린 순은 나물로도 먹는다.

날카로운 신경을 가리앉혀주는 진정 작용의 달인

치자

치자화(梔子花)

Gardenia jasminoides var. radicans Makino

분포지 남부지방

생육상 상록관목

꽃이 피는 시기 6~7월 꽃색 흰색

결실기 9월

다른 이름 산치자, 홍치자, 수치자, 치자목, 산치, 담복, 치자화 등

치자차

효능

맛이 쓰고 성질이 차서 심열을 식혀주고 해열한다. 위와 소장의 열을 다스린다. 피부가 멍들어 혈이 뭉쳤을 때 치자가루와 고춧가루를 3대 1의 비율로 달걀흰자와 섞어 바르면 어혈이 풀어진다. 가슴과 대소장에 있는 심한 열과 위에 있는 열을 가시게 하고 속이 답답한 증상을 낫게 한다. 소염, 지혈 효과가 있으며 갱년기 장애나 신경이 예민하고 날카로운 사람에게 좋다. 원기가 허약하거나 속이 냉한 사람은 복용을 금한다.

만드는 법

1. 말린 치자 열매 10 g에 450cc 정도의 물에 넣고 끓인다.
2. 물이 반이 될 때까지 달인 후 하루 세 번, 식전에 따뜻하게 데워 마시면 된다.

재료

말린 치자 열매 10g, 물 450cc

치자차
찬 성질, 쓴맛

상록관목으로서 가는 가지는 어릴 때 먼지 같은 털이 있다. 꽃잎은 흰색인데 모양만큼이나 향기가 매우 좋고 6~7월에 꽃이 피며 열매를 약으로 쓴다. 열매는 9월에 황홍색으로 익고 주로 남부지방에서 재배한다. 중국이 원산지이며 높이가 1~2m 정도로 자란다. 특이하게 열매가 달걀을 거꾸로 세운 모양처럼 열린다. 옛날에는 군량미의 변질을 방지하기 위해 쓰였다고 한다.

죽지 않고 살아 숨쉬는 영원 불멸한 불로초

영지

백지(白芝)

Ganoderma lucidum Karst

분포지 전국의 산과 들, 제주도 서귀포

다른 이름 적지, 흑지, 청지, 백지, 황지 등

영지차

효능

심장 기능을 강화시켜주며 콜레스테롤을 저하시키는 역할을 한다. 간을 보호하고 간염에 특효하다. 폐렴에 좋으며 항균 작용이 있다. 뼈를 튼튼히 하고 관절을 이롭게 해준다. 얼굴색을 좋게 하고 신경 쇠약, 불면증, 소화불량, 노인성 기관지염 등에 좋다. 영지를 오래 복용하면 위장의 영양흡수 기능을 촉진시킨다. 간염 등을 예방하는 간 보호 작용과 해독 작용이 있다. 위산과다나 고혈압인 사람에게도 효과적이다.

만드는 법

1. 영지를 얇게 썰거나 작게 쪼개서 놓는다.
2. 찻잔에 썰어놓은 영지 12g 정도를 물 1ℓ에 넣고 1~2분 간 우려 낸다. 이때 꿀을 약간 타서 마시면 맛이 좋다. 영지에서 엑기스 가 계속 우러나오므로 여러 차례 재탕해서 마실 수 있다.

재료 영지 12g, 물 1ℓ, 꿀 약간

영지
평이한 성질, 단맛과 쓴맛

영지는 일년생 버섯으로 일반 식용버섯과는 달리 원숭이자리버섯처럼 단 단한 목질로 되어 있고, 색깔에 따라 적지(赤芝), 흑지(黑芝), 청지(清芝), 백지(白芝), 황지(黃芝) 등으로 나뉜다. 이 중 가장 흔한 것이 적지이며 최 근에는 원목재배나 포트재배로 적지가 많이 생산되고 있다. 바깥쪽은 암 자색이고 광택이 있으며 다양한 약성을 지녀 전세계 연구 대상 식품이다.

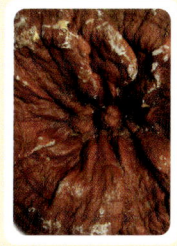

혈액순환 촉진과 보혈작용 치료제

참당귀

신감채(辛甘采)
Angelica gigas Nakai

분포지 지리산, 오대산, 설악산, 천마산, 평창, 인제, 울진, 봉화 등

생육상 다년초(여러해살이풀)

꽃이 피는 시기 8~9월 **꽃색** 자주색

결실기 10월

다른 이름 신감채, 승검초 등

참당귀차

효능

심장의 피를 보하고 혈병에 쓰인다. 특히 부인병과 산후조리에 탁월한 효능을 지닌다. 복통, 월경통, 월경불순에 효과가 있으며 갱년기 장애에 약으로 쓰인다. 하지만 자궁출혈이 심할 때는 사용하지 않고 장기간 투여하는 것을 삼간다. 참당귀는 혈액순환을 촉진시켜주며, 보혈 작용이 탁월해서 빈혈이 있는 사람에게 좋다. 뿐만 아니라 일반 타박상이나 장운동에도 좋아 배변을 용이하게 도와준다. 소화기능이 약하거나 설사를 잘하는 사람은 주의해서 복용해야 한다.

만드는 법

1. 당귀를 물에 깨끗하게 씻어 물기를 뺀다.
2. 차관에 당귀 10g, 물 300~500㎖ 를 넣고 끓인다.
3. 끓기 시작하면 불을 약하게 줄이고 은근히 오랫동안 달인다. 건더기는 체로 걸러내고 국물만 따라내어 꿀이나 설탕을 타서 마신다. 생강을 첨가하여 달이면 더욱 좋다.

재료

당귀 10g, 물 300~500㎖, (꿀, 설탕, 생강)

참당귀
따뜻한 성질, 달고 맵고 쓴맛

신감채, 승검초라 부른다. 키가 1~2m 정도이고 자줏빛이 난다. 미나리과의 여러해살이풀로 산의 습지에서 자란다. 8~9월에 자주색 꽃이 핀다. 뿌리를 당귀라고 하여 차와 약용으로 쓴다. 어린잎과 뿌리는 식용으로 쓰이며 잎은 날로 먹거나 쌈을 싸서 먹기도 하고 뿌리는 차나 술을 담가 먹는다. 주로 덕유산, 지리산, 오대산, 설악산, 천마산, 울진, 봉화 등에서 재배한다.

종소리가 들릴 듯한 모양을 지닌 자양강장제

둥굴레

소필관엽(小筆管葉)

Polygonatum odoratum Druce var. pluriflorum Ohwi

분포지 전국의 산과 들, 숲속 그늘

생육상 다년초(여러해살이풀)

꽃이 피는 시기 5~6월   꽃색 밑부분은 흰색, 윗부분은 녹색

결실기 9~10월

다른 이름 돼지감자, 죽비풀, 진황정, 황지, 영당채, 충선 등

둥굴레차

효능

심장을 윤택하게 하며 중초(中焦)를 보양한다. 강장약으로서 병후 허약증에 좋다. 폐결핵과 해수, 당뇨병의 입 마른 증세, 혈당 과다에 효과가 있다. 둥굴레는 성질이 평이하고 단맛이 나며 주로 소화기계통을 건강하게 하고 폐를 윤택하게 한다. 뼈와 근육을 도우며 비만을 해소한다. 기력이 약한 노인, 노화방지, 피로 회복, 피부 미용 등에 좋다. 항상 허기를 느끼는 사람이나 다이어트로 기운이 약해진 사람에게 좋다.

만드는 법

1. 둥굴레 10g을 물 1,000㎖에 강불로 가열한 후 약불로 1시간 정도 가열한다.
2. 충분히 우려낸 후 체에 받쳐 둥굴레는 건지고 식힌 뒤 물처럼 수시로 마신다.

재료

둥굴레 10g, 물 1,000㎖

둥굴레
평이한 성질, 단맛

다년초로서 땅속줄기는 길게 옆으로 뻗어 마디 사이가 길다. 6~7월에 꽃이 피는 데 밑부분은 흰색이고 윗부분은 녹색이다. 열매는 둥글고 검은색으로 익는다. 낙엽수림대의 숲속에서 자란다. 원줄기는 높이가 30~80cm이고 6줄의 능각이 있다. 삭과는 구형이고 지름 1cm로 검게 익는다. 지리산, 가야산, 팔공산, 금오산, 속리산, 설악산, 오대산 등에서 서식한다.

무궁무진한 능력이 숨어 있는 항암 치료제

패랭이꽃

석죽화(石竹花)
Dianthus sinensis L.

분포지 전국의 산과 들, 길가의 건조한 둑이나 냇가 등지

생육상 다년초(여러해살이풀)

꽃이 피는 시기 6~9월   꽃색 붉은 빛이 도는 자주색

결실기 9~10월

다른 이름 천국, 천국화, 낙양화, 석죽화 등

패랭이꽃차

효능

소장을 보양하고 잘 통하게 한다. 소변이 잘 나오지 않을 때 효과가 있다. 임질에도 효능이 있고 눈이 맑아지게 도와준다. 패랭이꽃의 약성에 대해 『동의학사전』에는 "맛은 맵고 쓰며 성질은 차다. 열을 내리고 소변을 잘 보게 하며 혈을 잘 돌게 하고 달거리를 통하게 한다. 달인 약이 이뇨 작용과 혈압을 낮추는 작용을 한다는 것이 밝혀졌다. 습열로 인한 임증, 소변을 보지 못할 때, 부스럼, 결막염 등에 쓴다"라고 씌어 있다.

만드는 법

1. 패랭이꽃 뿌리와 가지를 말린다.
2. 말린 패랭이꽃 10~15g, 물 600㎖ 를 넣고 잘 우려낸 후 마신다.

재료

패랭이꽃 10~15g, 물 600㎖

패랭이꽃
찬 성질, 쓴맛

산과 들에서 흔히 볼 수 있는 들꽃이다. 한자로는 석죽(石竹), 또는 구맥(瞿麥)이라 쓰며 꽃패랭이 또는 참대풀이라 부르기도 한다. 다년초로서 6~8월에 꽃이 핀다. 꽃잎은 5개이며 무늬가 있고 털이 긴 게 특징이다. 키는 30cm쯤이며 한 포기에서 여러 개의 줄기가 나와서 곧게 자란다. 대개 나지막한 야산의 약간 건조한 땅이나 냇가의 모래밭, 산비탈이나 길가 바위틈 같은 데서 잘 자란다.

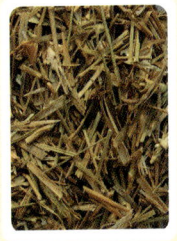

쑥

애엽(艾葉)

Artemisia princeps Pamp.

분포지 들판의 양지바른 풀밭

생육상 다년초(여러해살이풀)

꽃이 피는 시기 7~8월 **꽃색** 붉은색을 띠는 자주색

결실기 10월

다른 이름 의초, 빙대, 봉자호, 구초 등

쑥차

효능

심장과 소장의 기능을 보양해주며 기혈과 경맥을 따뜻하게 하고 차고 습한 것을 물리친다. 토혈, 하혈에 효능이 있다. 부인이 요통에 시달릴 때 달여 마시면 특히 몸에 좋다. 몸을 따뜻하게 해 체온을 유지시켜주며 빈혈, 위장병, 소화불량, 고혈압 등 모든 체질에 이로운 식품이며 질병 예방과 치유 효과를 볼 수 있다. 쑥은 특히 여성들의 몸에 좋은 약초로 널리 알려져 있다.

만드는 법

1. 쑥잎을 햇볕에 잘 말려서 종이 봉지에 넣어 통풍이 잘 되는 곳에 매달아둔다.
2. 물 500cc에 쑥잎 10~15g을 넣고 달여 마신다. 쑥차는 너무 쓰기 때문에 결명자를 혼합해서 먹는 것도 좋다.

재료

쑥잎 10~15g, 물 500cc, 결명자 약간

쑥
따뜻한 성질, 쓴맛

쑥은 일반적으로 들판의 양지바른 풀밭에 나는 다년초로서 30여 종이 있다. 높이가 60~120cm 가량이 되며 7~8월에 꽃이 핀다. 각각 모양과 향기, 성분 등에서 차이가 있다. 잎 뒷면에 흰 털이 빽빽이 나 있어 희뿌옇게 보이며 줄기는 곧게 서고 가지를 치는데, 잎은 마디마다 어긋나게 자리잡고 있으며 길쭉한 타원모양이다.

순도 100%의 자연 그대로의 茶맛을 느껴라

까마귀 한 마리가 백만 원을 호가한 적이 있었다. 언제부턴가 까마귀가 정력에 좋다는 소문이 나돌면서 색을 밝히는 사내들이 혈안이 돼 닥치는 대로 잡아먹어서 벌어진 현상이다. 그럼 누가 까마귀가 정력에 좋다고 입소문을 냈을까? 틀림없이 검은색이 정력에 관계된다는 한의학 상식을 좀 아는 사람이 분명하다.

검은색은 짠맛과 통하며 신장, 방광에 통하고 신장은 정(精)을 보관하므로 당연히 정력이 좋아진다. 그래서 검은콩, 흑염소가 몸에 좋다고들 한다.

하지만 신장, 방광이 너무 크고 실한 사람이 검은콩을 많이 먹으면 어떻게 될까? 넘치면 모자라는 것보다 못하다는 말처럼 장부가 너무 크고 실하면 반드시 병이 든다. 뿐만 아니라 크고 실한 장부의 상대적인 장부도 따라서 병이 든다. 즉 신장, 방광이 크고 실한데 검은콩을 많이 먹으면 신장, 방광에 사기(邪氣)가 침범해서 염증이 생기거나 신부전증, 당뇨 등에 걸릴 수 있고 또 신장, 방광의 상대적 장부인 심장과 소장이 허약해져서 저혈압, 고혈압, 협심증 등의 병을 유발하게 된다.

그러므로 몸에 좋다고 이것저것 함부로 먹어대는 것은 마치 어린

아이가 우물가에서 노는 것처럼 위험하다.

흔히 사람들은 식도락가를 어떤 음식을 마음껏 즐기는 자라 정의 내린다. 나는 무엇을 좋아하고 너는 무엇을 좋아한다며 대단한 식도락가인 양 떠들어대는 사람도 있다. 하지만 식도락이란? 그 음식만이 가지고 있는 특이한 맛을 음미할 줄 아는 사람이다. 무엇을 좋아해서 그것만을 즐기는 자는 편식가이다. 진정한 식도락가는 냉이는 냉이만이 가진 독특한 맛을 진실로 음미할 줄 알아야 하고, 쇠고기는 단맛에 속하므로 쇠고기만이 가진 독특한 단맛을 음미할 줄 알아야 한다. 또한 고추의 경우 고추가 매운맛에 속하므로 고추만의 독특한 매운맛을 음미할 줄 알아야 한다. 이와 반대인 닭고기는 신맛에 속하므로 닭고기만의 독특한 신맛을 음미할 줄 알아야 하고, 돼지고기는 짠맛에 속하므로 돼지고기만의 독특한 짠맛을 음미할 줄 알아야 한다. 즉 동·식물마다 가지고 있는 각기 다른 맛을 음미하면서 가리지 않고 먹는 자가 바로 진정한 식도락가이다.

茶를 즐기는 것도 이와 같다. 茶가 본래 약초에서 유래된 것이므로 그 茶만이 가진 독특한 맛을 음미할 줄 알아야 진정한 茶의 도(道)를 즐기는 자라 할 수 있다.

다시 말해서 심장과 소장은 쓴맛 나는 초목이 보양하는데 심장이 허약한 사람이 쓴맛이 싫다고 해서 쓴맛 나는 음식을 먹지 않고 茶를 마시지 않으면 언젠가는 심장병으로 고생하게 된다.

비, 위는 단맛 나는 초목이 보양하는데 단맛이 입에 맞지 않거나 몸에 좋지 않다는 말만 듣고 단맛 나는 음식을 먹지 않고 茶를 마시지 않으면 반드시 비, 위가 병이 들어 고생한다.

폐, 대장은 매운맛 나는 초목이 보양하는데 매운맛이 입에 맞지 않거나 몸에 해롭다 해서 폐, 대장이 허약한 사람이 매운맛 나는 음식을 먹지 않고 茶를 마시지 않으면 폐, 대장은 반드시 병이 들어 고생한다.

신장, 방광은 짠맛에 속하는데 짠맛이 입에 맞지 않거나 몸에 해롭다는 말만 듣고 신장, 방광이 허약한 사람이 짠맛 나는 음식을 먹지 않고 茶를 마시지 않으면 반드시 신장, 방광에 병이 들어 고생한다.

간, 담은 신맛에 속하는데 신맛이 입에 맞지 않거나 몸에 해롭다는 말만 듣고 간, 담이 허약한 사람이 신맛 나는 음식을 먹지 않고 茶를 마시지 않으면 간, 담에 언젠가는 병이 들어 고생한다.

그리고 심장, 소장이 허약한 사람이 짠맛을 좋아해서 신장, 방광에 속하는 짠 음식을 즐겨 먹거나 茶를 많이 마시면 반드시 심장, 소장에 병이 들어 고생한다.

비, 위가 허약한 사람이 신맛을 좋아해서 간, 담에 속하는 신맛 나는 음식을 많이 먹거나 茶를 즐겨 마시면 반드시 비, 위가 병이 들어 고생한다.

폐, 대장이 허약한 사람이 쓴맛을 좋아해서 심장, 소장에 좋은 음식을 많이 먹고 茶를 즐겨 마시면 반드시 폐, 대장에 병이 들어 고생한다.

또 심장, 소장이 실한 사람이 쓴맛이 입에 맞아서 쓴맛 나는 음식을 많이 먹거나 茶를 즐겨 마시면 반드시 심장, 소장을 상하게 하고 폐, 대장에도 병이 들어 고생한다.

비, 위가 실한 사람의 경우 단맛이 입에 맞아서 단맛 나는 음식을 많이 먹거나 茶를 즐겨 마시면 반드시 비, 위가 상하고 신장, 방광에도 병이 들어 고생한다.

폐, 대장이 실한 사람이 매운맛이 입에 맞아서 매운맛 나는 음식을 많이 먹고 茶를 즐겨 마시면 반드시 폐, 대장이 상하고 간, 담에도 병이 들어 고생한다.

신장, 방광이 실한 사람이 짠맛이 입에 맞아서 짠맛 나는 음식을 많이 먹고 茶를 즐겨 마시면 반드시 신장, 방광이 상하고 심장, 소장에 병이 들어 고생한다.

간, 담이 실한 사람이 신맛이 입에 맞아서 신맛 나는 음식을 많이 먹고 茶를 즐겨 마시면 반드시 간, 담이 상하고 비, 위에도 병이 들어 고생한다.

차가 입에 맞고 맞지 않고를 떠나서 그 茶만이 가진 독특한 맛을 음미하면서 골고루 마시는 것이 오장육부를 고루 보양해서 좋은 것이다. 다만 허약한 장부가 있으면 그 장부와 코드가 맞는 茶를 더 많이 즐기는 것이 좋다.

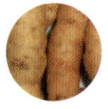

3장 비, 위에 좋은 토차土茶

비장은 노폐한 적혈구를 걸러내고 면역에 중요한 구실을 하는 림프구를 생산하는 장부이다. 위 뒤쪽에 말굽 모양으로 달려 있다고 기록되어 있다. 비장이 허약하면 온몸에 힘이 없고 오장이 모두 편치 못하다. 비, 위가 병들면 얼굴빛이 누렇고 트림을 자주하며 생각이 많아진다. 또 배꼽 주위가 단단하고 아픈 듯한데 헛배가 부르며 몸이 무겁고 소화가 잘 되지 않는다. 뿐만 아니라 관절이 아프고 드러누워야 편하다. 비장이 크고 실하면 배가 자주 고프고 살(肉)이 깊어서 늘어지며 걸음걸이가 편치 못하며 실해 비만해진다.

비, 위를 오행에서는 土라 한다. 土가 함축하고 있는 다양한 성질 중에 인체와 통하는 자연과 생활 속의 현상은 이와 같다.

계절은 4계(四季)여서 냉한 土와 습한 土가 있고 조열한 土와 건조한 土가 있다. 냉한 土는 동북방이고 습한 土는 동남방이며, 조열한 土는 남서방이고 건조한 土는 서북방에 속한다. 색깔은 황색이고 오미(五味)는 단맛이어서 비, 위에 코드가 잘 맞는다. 오곡 중에서는 노란콩, 조 등이 있으며 성질은 믿음이 본질이지만 속성은 거짓과 근심 걱정으로 나타난다.

그러므로 비, 위가 허약한 사람은 土에 속하는 자연에 순응하고 음식을 먹어야 하며 여기에 土에 속하는 茶를 즐기면 더없이 건강해진다. 그러나 비, 위가 크고 실한 경우 土에 속하는 음식을 너무 많이 먹거나 茶를 즐기면 비, 위는 물론 신장과 방광이 병들므로 적게 먹고 적게 마시는 것이 좋다.

따뜻한 성질로 몸 안을 다스리는 신비의 치료제

삽주

창출(蒼朮)
Atractylodes japonica Koidz.

분포지 전국의 산과 들

생육상 다년초(여러해살이풀)

꽃이 피는 시기 7~10월 **꽃색** 흰색 **결실기** 10월

다른 이름 천생출, 동출, 산연, 화창출, 백출, 적출, 창두초,
산계, 마계, 산정, 쟁두초 등

삽주차

효능

비장을 건강하게 하고 습한 것을 걷어낸다. 당뇨병에 대단히 좋다. 소화불량에 탁월한 효능을 보이며 위액의 분비를 촉진시켜 소화불량 같은 위염 치료에 효과가 높다. 몸 안에 있는 여분의 수분을 없애주고 식욕부진, 감기 등에 의한 발열에 뛰어나다. 따뜻한 성질이 있어서 속을 덥게 하고, 비위의 작용을 고르게 하여 진액을 보충하고, 무기력감과 피로를 풀어주며, 갈증을 없애는 효능이 있다.

만드는 법

1. 삽주 뿌리를 물에 하룻밤 담갔다가 잘게 썰어서 말린다.
2. 말린 삽주 뿌리 15~20g을 400cc의 물을 붓고 달인 뒤 마신다. 신장병, 설사, 기침, 발열에는 진하게 달여 마신다.

재료 삽주 뿌리 15~20g, 물 400cc

삽주
따뜻한 성질, 쓴맛과 단맛

한약재로 창출이라 하며 국화과에 속하는 다년초이다. 뿌리가 굵고 마디가 있으며 잎은 긴 타원형으로 가장자리에 짧은 바늘 같은 것이 있고 7~10월에 꽃이 핀다. 높이는 30~100㎝ 정도이며 뿌리, 줄기는 굵고 크다. 덩어리진 뿌리의 겉껍질을 벗긴 것을 백출, 긴 뿌리의 잔뿌리만 다듬고 말린 것을 창출이라고 한다. 맛은 달면서도 맵고 쓰며 성질은 따뜻하다. 전국의 산과 들에서 자생한다.

식욕 부진, 소화 불량에 탁월한 치료제

배초향

곽향(藿香)

Agastache rugosa O. Kuntze

분포지 전국의 산이나 들

생육상 다년초(여러해살이풀)

꽃이 피는 시기 7~9월   꽃색 자주색

결실기 10~11월

다른 이름 곽향, 중개풀, 방애잎, 방아풀 등

배초향차

효능

비, 위를 보양하고 따뜻하게 해주며 구토를 멈추게 한다. 식욕 부진에 효과가 좋고 권태감을 해소한다. 소화불량, 설사에 매우 좋다. 한열, 두통에도 효과가 있다. 배초향은 맛이 맵고 달며, 성질은 약간 따뜻하다. 기분이 가라앉아 있을 때 상쾌하게 해주며 위장의 기운을 보충해주고 악취와 습을 제거하는 효능이 있다. 가래, 기침, 속이 쓰리고 아픈 증상, 학질 등을 제거해준다.

만드는 법

1. 말린 배초향 6~12g을 환을 짓거나 가루를 낸다.
2. 물 600㎖ 에 넣고 잘 우려낸 후 마신다.

재료

말린 배초향 6~12g, 물 600㎖

배초향
약간 따뜻한 성질, 매운맛과 단맛

한약재로 토곽향이라 부르며 다년초로 중개풀이라고도 한다. 꽃은 자주색이고 7~9월에 꽃이 핀다. 줄기는 곧고 네모졌으며 잎은 마주나고 가장자리에는 둥글게 생긴 무딘 톱니가 있다. 앞면은 털이 거의 없고 뒷면은 짧고 부드러운 털로 덮여 있다. 배초향의 꽃은 향기가 아주 진하여 기름을 뽑아 방향제로 쓰며 봄철에 어린순을 나물로 먹기도 한다. 전국의 산이나 들에서 자생한다.

손바닥을 닮은 독특한 잎 모양의 이뇨제

으름덩굴

통초(通草)
Akebia quinata Dence.

분포지 우리나라 황해도 이남의 산과 들 (지리산, 덕유산 등)

생육상 낙엽관목

꽃이 피는 시기 4~5월   꽃색 자갈색(자줏빛이 도는 갈색)

결실기 10월

다른 이름 통초, 목통, 연복자, 으흐름, 으흐름나무 등

으름덩굴차

효능

비장을 돕고 비만에 탁월한 효과가 있다. 소변을 잘 나오게 하며 류머티즘, 신경통, 월경불통에 좋다. 산후에 산모의 젖이 나오지 않을 때 효과가 있다. 열매를 달여서 茶로 마시면 불면증이 없어지고, 줄기를 달여 먹으면 당뇨병에 좋다. 귀가 울리는 이명증에 효과가 있다. 으름덩굴은 '목통' 이라 하여 한약재로 많이 사용되는 식물이다. 배뇨에 필요한 칼륨이 많이 함유되어 있어 신장병 계통에 많이 사용된다. 기억력 증진, 혈압상승 효과, 결막염, 요통, 딸꾹질, 늑막염 등에 좋다.

만드는 법

1. 뿌리와 가지, 열매를 햇빛에 말린 뒤 가루를 낸다.
2. 으름덩굴 뿌리와 줄기 10g을 하루 양으로 잡아 900cc의 물을 붓는다.
3. 물의 양이 절반이 되도록 달이고 감초를 넣으면 더욱 효과가 있다. 이것을 하루 3번 나누어 마신다.

재료 으름덩굴 뿌리와 줄기 10g, 물 900cc, 감초

으름덩굴
약간 차가운 성질, 쓴맛

통초라 한다. 줄기가 5m 가량 되고 갈색을 띤다. 꽃은 4~5월에 피며 색깔이 자갈색이다. 손바닥을 편 듯한 다섯 장의 잎 모양이 아름답고 사랑스러우며 가을에 바나나 모양으로 익는 열매도 인상적이다. 으름은 육질의 삭과로 과육이 달고 부드러워 입 안에 넣으면 바로 살살 녹아버려 마치 아이스크림 같다. 그러나 씨가 너무 많아서 과실로 쓸 수 없는 것이 단점이다.

비장의 기(氣)를 통하게 하는 순환제

후박

홍남피(紅楠皮)

Machilus thunbergii S. et Z.

분포지 남부지방, 바닷가나 산기슭(제주도, 흑산도, 울릉도 등

생육상 상록교목

꽃이 피는 시기 5~6월 **꽃색** 황록색

결실기 7월

다른 이름 홍남피

후박차

효능

비장을 따뜻하게 하고 비장의 氣를 통하게 한다. 담을 없애고 소변을 잘 나오게 하며 소화를 잘 되게 한다. 따라서 위경련, 과식성 소화불량, 위확장증, 배울림, 식중독, 위산과다에 효과가 있다. 주로 위장약 등에 많이 사용된다. 후박은 정신적 피로나 스트레스를 풀기 위해 단연 으뜸이다. 시험보기 전날 혹은 당일 아침에 마시면 마음이 상당히 안정됨을 느낀다.

만드는 법

1. 가지를 말려서 달이거나 가루를 낸다.
2. 말린 후박 20~30g과 물 2ℓ 정도를 넣고 끓인 뒤 마신다.

재료

말린 후박 20~30g, 물 2ℓ

후박
따뜻한 성질, 쓴맛과 매운맛

상록교목과이며 높이가 20m, 지름이 1m 정도가 된다. 5~6월에 꽃이 피고 7월에 열매가 흑자색으로 익는 데 지름이 1.4cm 정도로 둥글다. 껍질은 향을 만드는 접착 재료로 쓰인다. 잎은 가지 끝에 모여서 어긋나 있으며 잎 가장자리가 밋밋하고 우상맥이 있다. 잎 뒷면은 회록색이다. 제주도, 흑산도, 울릉도 등 섬 지역에서 자생한다.

설사와 이질을 멈추게 하는 건위정장제
이질풀

노관초(老觀草)
Geranium nepalense Sweet subsp. thunbergii (S. et Z.) Hara

분포지 전국의 산과 들

생육상 다년초(여러해살이풀)

꽃이 피는 시기 8~9월   꽃색 연한 홍색, 홍자색, 백색

결실기 10월

다른 이름 노관초, 현초 등

이질풀차

효능

비, 위를 건강하게 하며 대장염에 효과가 있다. 혈(血)을 원활하게 하고 풍(風)을 제거한다. 근골을 튼튼하게 해주는 효능이 있어 류머티즘, 타박상 등의 통증에 효과적이다. 설사와 이질을 멈추게 하며 변비에 잘 걸리지 않게 도와줄 뿐만 아니라 타닌을 많이 함유하고 있어 수렴(收斂) 작용, 살균 작용이 매우 강하다. 그밖에 건위 정장, 위궤양, 십이지장궤양에도 효과가 있다.

만드는 법

1. 줄기와 잎을 말려서 잘게 썬다.
2. 말린 이질풀 8~15g과 물 500~600cc를 넣고 끓인다. 잘 우려 낸 후 마신다.

※ 설사일 때는 차관에 이질풀을 넣고 물을 붓는다. 약한 불로 진하게 달인 후 체로 걸러낸 뒤 1일 3~4회 뜨거울 때 마신다. 변비일 때는 차관에 잘 말린 이질풀을 넣고 물을 붓는다. 약한 불로 연하게 달여 체로 걸러낸다. 1일 3~4회 공복에 마신다.

재료

말린 이질풀 8~15g, 물 500~600cc

이질풀
약간 따뜻한 성질, 쓴맛과 매운맛

민간약으로 유명하다. 가을철이면 높은 산꼭대기의 풀밭이나 개울가의 빈터 같은 곳에 무리지어 연한 보라빛 꽃을 피우는 여러해살이풀이다. 줄기는 30~60cm쯤으로 땅에 비스듬하게 깔려서 뻗어나가고 잎은 손바닥 모양으로 4~5개 갈라진다. 열매가 익으면 꼬투리가 벌어지며 뒤로 밀려 올라가다가 주머니 속에 있는 씨앗을 멀리까지 쏘아 보낸다.

승강의 기가 막힌 것을 잘 뚫어주는 탱글탱글 거담제

탱자

지실(枳實)

Poncirus trifoliata Rafin.

분포지 우리나라의 경기도 이남지역

생육상 낙엽관목

꽃이 피는 시기 5월   **꽃색** 흰색   **결실기** 9~10월

다른 이름 지귤, 지곡, 지실 등

탱자차

효능

비, 위와 장을 이롭게 한다. 가슴이 충만해 답답한 증상을 해소해 주며 복부가 더부룩한 증상을 해소한다. 변비에도 좋다. 5~6월에 채취한 어린 탱자는 주로 비위의 기를 잘 통하게 하고, 익은 탱자는 주로 폐기를 잘 통하게 하는 점이 다르다. 둘 다 기를 잘 통하게 하는 점은 같지만, 그 중에서도 어린 탱자의 작용이 더 세다. 단 비, 위가 허약한 사람이나 임산부는 이용을 피하는 게 좋다.

만드는 법

1. 어린 탱자를 반으로 자르고 그늘에서 말린다.
2. 탱자를 물 600cc에 4~10g 정도를 넣고 약한 불로 푹 달인다. 잘 우려낸 후 하루에 2~3잔 마신다.

재료

어린 탱자 말린 것 4~10g, 물 600cc

탱자

매우 찬 성질, 쓴맛과 신맛

은행나무과의 낙엽관목이다. 5월에 흰색 꽃이 피고 노란 열매가 9월에 익는다. 어린 탱자는 5~6월에 채취하고, 익은 탱자는 11월에 채취한다. 탱자는 향기는 좋으나 식용으로 잘 쓰이지 않는다. 종자는 10여 개가 들어 있으며 달걀 모양이다. 전국 각지에서 흔히 볼 수 있는 식물이다.

붉은색 꽃잎 속에 숨겨진 어혈 치료제

해당화

필두화(筆頭花)

Rosa rugosa Thunberg

분포지 바닷가 산기슭

생육상 낙엽활엽관목

꽃이 피는 시기 5월   꽃색 붉은색

결실기 8월

다른 이름 매괴화, 매괴차 등

해당화차

효능

해당화는 혈행을 순조롭게 하고 어혈을 풀어주는 효능이 있어 당뇨로 고생하는 사람들에게 효험이 있다. 단맛이 나면서 약간은 쌉싸름하기도 하다. 비, 위를 건강하게 하며 간과 비장에 들어가서 혈을 잘 통하게 한다. 당뇨병에 효과가 있으며 유방암에 약재로 쓰인다. 항염 성분이 있고 월경불순, 류머티즘에도 약으로 사용된다.

만드는 법

1. 해당화 꽃잎을 꽃이 피기 시작할 때 채취하여 그늘에서 말린다.
2. 말린 해당화 꽃잎 20~30g과 물 600㎖ 정도를 넣고 잘 우려낸 뒤 마신다.

재료

잘 말린 해당화 꽃잎 20~30g, 물 600㎖

해당화
따뜻한 성질, 단맛과 약간 쓴맛

낙엽활엽관목이며, 5월에 붉은색 꽃이 피고 열매는 황적색으로 8월에 익는다. 바닷가 산기슭에서 자생한다. 차로 쓸 해당화 꽃잎은 초여름 꽃이 피기 시작할 때 채취하여, 미온의 불길로 약간 데운 뒤 건조시킨다. 일교차가 심하고 한기가 으슬으슬 나는 사람에게 좋으며 달짝지근한 맛과 은은한 향이 일품이다.

호장근

호장근(虎杖根)

Polygonum cuspidatum S. et. Z.

분포지 제주도, 금오산, 팔공산, 울릉도, 삼악산, 설악산 등

생육상 다년초(여러해살이풀)

꽃이 피는 시기 6~8월 **꽃색** 흰색

결실기 10월

다른 이름 관절대, 싱아, 감제풀 등

호장근차

효능
위장병과 악성 임질을 치료하는 데 많이 이용된다. 어혈을 풀어 혈을 순환시키는 기능을 한다. 소변을 잘 나가게 하고 뱃속의 덩어리를 없애고 여성의 생리를 잘 통하게 한다. 단, 임산부에게는 좋지 않다. 이런 사항은 『동의학사전』에도 씌어 있다. "항균, 소염 작용이 강하므로 종양 치료에 쓴다. 혈을 잘 돌게 하고 어혈을 없애며 달거리를 고르게 하고 오줌을 잘 누게 한다."

만드는 법
1. 뿌리를 그늘에 말려서 달이거나 가루를 낸다.
2. 호장근 6~10g을 물 600cc에 넣고 끓인다. 1개월 정도 茶를 즐기면 악성 임질이 낫고 위장도 튼튼해지고 건강해진다.

재료
호장근 뿌리 말린 것 6~10g, 물 600cc

호장근
평이한 성질, 쓴맛

감제풀이라 부른다. 다년초로서 목질화된 뿌리를 가지고 있으며 원줄기가 1m쯤 된다. 또한 줄기 부분은 부피성장을 하지 않는 것이 특징이다. 6~8월에 꽃이 피고 흑갈색의 윤기 있는 열매가 맺힌다. 가을에 뿌리를 채취하여 말려서 약으로 쓴다. 금오산, 팔공산, 울릉도, 설악산 등지에서 자생한다.

감초

감초(甘草)

Glycyrrhiza glabra L. var. glandulifera Reg. et Herd.

분포지   전국의 산과 들

생육상   다년초(여러해살이풀)

꽃이 피는 시기   7~8월   꽃색   남자색

결실기   10월

다른 이름   국노

감초차

효능

비, 위를 건강하게 해주며 심장의 열을 내려준다. 위궤양과 진통에 효과가 있고 요통, 두통에 뛰어난 작용을 한다. 감초와 연잎을 함께 넣어 茶로 마시면 야뇨증에 좋고 칡뿌리를 함께 넣어 마시면 위암에 효과가 있다. 오징어를 넣어서 달여 마시면 중풍에 좋으며 찹쌀과 오징어를 함께 넣어서 달여 마시면 젖이 잘 나온다. 또한 감초는 중독성 물질을 제거하는 해독 효과가 뛰어나다. 감초는 구워서 쓰면 소화 기능이 활발해져서 식욕을 높여주고 변이 묽어지는 것을 방지한다.

만드는 법

1. 감초를 깨끗이 씻어 물기를 뺀다. 2. 차관에 감초 10g, 물 600㎖ 정도를 넣고 끓인다. 3. 건더기는 체로 걸러내고 국물만 따라 낸다. 설탕이나 꿀을 타서 마셔도 좋다.

재료

감초 10g, 물 600㎖, 설탕 또는 꿀 약간

감초
평이한 성질, 단맛

다년초로서 가장 많이 알려진 한약재이다. 흔히 사교적이고 활동적인 사람을 가리켜서 약방에 감초라고도 할 만큼 감초는 여러 가지 약처방에 모두 배합되며 상호조절 작용까지 하는 명약으로 알려져 있다. 감초의 단맛은 소화기계에 작용하여 위와 장의 경련 및 염증을 풀어주어 위와 십이지장궤양에 유효한 반응을 얻는다. 7~8월에 꽃이 피며 색은 남자색을 띤다. 중국이 원산지이며, 약재상에 많이 있다.

열을 내리고 기운을 돋우는 치료제
두릅나무

드릅나무
Aralia elata Seem.

분포지 전국 산기슭 양지 및 계곡

생육상 낙엽관목

꽃이 피는 시기 8~9월 꽃색 흰색

결실기 10월

다른 이름 두릅나무, 민두릅나무 등

두릅나무차

효능

한방에서는 고혈압, 당뇨병, 신경통 등의 치료제로 처방하며 총목이라는 이름으로 불린다. 비, 위를 치료하는 약재로 약으로 주로 쓰이는 부분은 대체적으로 뿌리껍질과 나무껍질, 가시 등이다. 뿌리껍질은 위암, 위장병, 이뇨제로 쓰인다. 두릅은 신장을 돕고 근육을 튼튼히 하며 어혈을 제거한다. 관절염과 간염에 좋으며 해열, 거담 작용이 있어 옛부터 민간에서는 열을 내리고 기운을 돋우며 가래를 없애는 데 많이 이용해왔다.

만드는 법

1. 뿌리와 가지를 말려서 달이거나 가루를 낸다.
2. 싹이 나기 전에 캐낸 뿌리껍질 15~20g, 감초 6g, 물 3컵을 붓고 끓인 뒤 마신다.

재료

두릅나무 뿌리껍질 15~20g, 감초 6g, 물 3컵

두릅나무
평이한 성질, 매운맛

낙엽관목으로서 키가 3~4m 정도 된다. 원줄기에 가시가 있는데 매우 굳세다. 8~9월에 흰 꽃이 피고 10월에 열매가 흑색으로 익는다. 이른 봄에 난 두릅나무의 어린순은 겉껍질을 살짝 벗기고 삶아 나물로 무쳐 먹거나 튀겨 먹으며, 날것을 볶아 양념장을 곁들어 먹어도 좋다. 칼슘, 인, 철분, 비타민 B1과 비타민 C등 영양 성분이 골고루 들어 있고 향기가 강해 입맛을 돋우는 영양식으로도 좋다.

🌿 약이 되는 茶의 효능

옛날 중국 춘추전국시대 때 한 청년이 있었다. 부모 없이 자란 그는 부잣집에서 하인으로 일하면서 어깨 너머로 글을 조금씩 깨우쳤다.

나이가 스무 살쯤 되었을 때 심한 감기로 앓아 눕자 주인이 일도 못하는 놈이라며 집에서 내쫓아 버렸다. 길거리로 내몰린 그는 구걸을 하며 전전했고 마땅한 잠자리가 없어서 감기가 더 심해졌다. 그는 오직 살아야겠다는 일념 하나로 몸과 마음을 추슬러 한 마을을 찾아들었다. 마을 어귀에 이르자 마침 여인네들이 우물가에 모여 앉아 배추를 씻고 있었다. 비틀거리며 다가오는 그를 여인들은 힐끗 한 번 쳐다만 볼 뿐이었다.

"저어기 물 한모금만 부탁합니다."

그가 떨리는 목소리로 말하자 여인들은 그의 행색이 거지 중에서도 상거지라 물 한모금도 주지 않았다. 그러다 그는 한 여인이 배추를 씻고 물을 버리려 하자 그 물을 벌컥벌컥 들이마신 뒤 내친김에 물에 떠 있는 배춧잎까지 마구 씹어 먹었다.

"아이고 불쌍해라. 총각 이 무라도 하나 먹어요. 쯧쯧~ 오죽이나 배가 고팠으면……"

그때 한 여인이 그를 측은해하며 씻은 무 하나를 주었다. 그는 연신 허리를 굽실대며 허겁지겁 무 하나를 씹어 먹었다.

갈증이 없어지고 허기도 면하자 조금은 살 것 같았다. 그는 다시 터덜터덜 걸어 한 양지바른 언덕에서 쓰러지듯 드러누워 깊은 잠에 빠져들었다.

얼마를 잤을까? 일어나 보니 어느덧 해는 뉘엿뉘엿 지고 있었다. 그런데 신기하게도 펄펄 끓던 열도 내리고 몸도 가뿐해진 것이 아닌가. 그토록 괴롭던 막힌 코도 뚫리고 아픈 목도 씻은 듯이 나아 있었다.

그러나 몸은 나았어도 당장 먹고살 일이 걱정이었다. 이 마을 저 마을을 떠돌며 구걸을 했으나 아무도 그에게 밥을 주지 않았다. 멀쩡한 놈이 어디서 얻어먹으려고 하냐며 되레 욕까지 해댔다.

허기진 배를 움켜잡고 집집마다 구걸을 하고 다니던 어느 날 담장 앞에 사람들이 삼삼오오 모여 있었다. 담장에는 벽보가 한 장 붙어 있는데 '딸의 병을 고쳐주는 사람이 있으면 재산의 반을 주고 원하면 그 딸과 혼인까지 시켜주겠다'는 글이 씌어 있었다. 수군대는 사람들의 말을 들어보니 마을에서 제일가는 부잣집 무남독녀가 알 수 없는 병이 들었는데 이름난 의원들이 수없이 약을 써도 좀체 낫지가 않는다는 것이었다.

그는 문득 배추 물을 마시고 무를 먹은 뒤에 감기가 나았던 생각이 떠올랐다. 그리고 무슨 풀이건 병을 낫게 하는 약이 있지 않을까 하고 생각했다. 그러나 그보다는 우선 허기진 배를 채우고 봐야겠다는 생각이 앞섰다. 부잣집 딸의 병을 봐주는 동안 병이 낫건 낫지 않건 배불리 먹을 수 있으니 죽어도 여한이 없다는 생각이 들었다. 그는 결심하고 그 부잣집을 찾아갔다.

그를 본 부잣집 영감은 남루한 행색을 한 거지 같은 놈이 별안간 나타나 딸의 병을 고치겠다고 하니 자신의 재산이 탐이 나 찾아온 거라 여기고 그를 내쫓으려 했다. 그러나 멀리서 소문을 듣고 오느라 거지 행색이 되었다며 만약 딸의 병을 고치지 못하면 죽여도 좋다는 그의 말에 부잣집 영감은 그를 한번 믿어보기로 했다.

그는 앓아누운 처녀의 방으로 안내돼 제법 진찰을 해보는 척 처녀의 맥을 짚어보고는 한달 안에 병을 고치겠다며 큰소리를 쳤다. 부잣집 영감은 그의 호언에 새 옷과 온갖 맛있는 음식을 다해주었다. 그는 처녀의 병을 어떻게 고칠까 고민하던 중 마침 그 집 뜰에 기화요초가 우거져 있는 것을 보았다. 그 즉시 손이 가는 대로 나뭇잎과 풀을 따서 茶를 만들어 처녀가 마시도록 했다. 어차피 자신은 죽을 몸이라 무엇이 독초이고 약인지도 모르고 처녀가 죽건 살건 알바 없이 모든 것을 하늘의 뜻에 맡겼다.

그런데 신기하게도 며칠이 지나자 처녀의 병이 조금씩 차도가 나타나기 시작했다. 정확히 한 달이 되자 몇 년을 자리에서만 누워 지내던 처녀가 일어나 정원을 거닐 정도가 되었다.

부잣집 영감은 약속대로 재산의 반을 주고 딸과 혼인시켜주었다.

후일 그 거지는 정말 의원이 되기 위해 밤낮없이 의술을 공부한 끝에 명의가 되었다.

이 일화는 산천초목이 모두 茶 아닌 것이 없고 약성이 들어 있다는 것을 일깨워주는 이야기다.

자연의 초목들 중에서 독버섯을 잘못 먹으면 생명이 위독해지고 뽕잎을 따 먹으면 폐가 건강해지고 오미자 잎을 먹으면 간이 좋아지고 쑥을 먹으면 심장이 좋아진다. 또한 헛개나무 잎을 먹으면 숙취가 해독되고 노란콩을 먹으면 비, 위가 좋아지고 부추를 먹으면 신장이 좋아진다.

이처럼 초목 하나하나에도 그 초목만이 가진 특이한 약성이 있어서 병을 예방하고 치료도 한다. 사람에게는 생명을 지속시켜주는 정(精)이 있는데 그것이 바로 힘의 근원이다. 간(肝)에는 간의 정이 있고 심장에는 심장의 정이 있으며 비장에는 비장의 정이 있다. 폐에는 폐의 정이 있으며 신장에는 신장의 정이 있어서 오장의 기능을 지속시켜준다.

이러한 정(精)은 대부분 오곡에서 얻는다. 간은 밀, 보리, 녹두에서 얻고, 심장은 팥에서 얻고, 비장은 노란콩, 기장, 찹쌀에서 얻는다. 폐는 현미에서 얻고, 신장은 검은콩, 검은쌀에서 얻는다. 그 외 다른 초목들은 정을 보양하면서 세포 활력에 도움을 주어 병을 예방하고 치료한다.

그러므로 모든 초목에 건강을 지켜주는 약성이 모두 있어서 이것들을 손쉽게 茶로 끓여 마시면 약이 된다.

일반적으로 한약을 특이한 약재라 생각하는데 꼭 그렇지만은 않다. 밥상 위에 반찬을 달이면 한약이 되고 초목을 조리하면 반찬이 되는 것이다. 가령 도라지는 한약재로 길경이라 하고 더덕은 사삼이라 하고, 뽕나무 뿌리는 상백피라 하여 폐에 쓰이는 한약재이다. 또한 노란콩은 비, 위에 쓰이는 한약재이고 팥은 적소두, 쑥은 대산자라 하여 심장에 쓰이는 한약재다. 질경이씨는 차전자라 하고 우리에게 널리 알려진 결명자는 간에 쓰이는 한약재이다. 검은콩은 흑소두, 산딸기는 복분자라 하여 신장에 쓰이는 한약재다.

그러므로 이런 것들을 자신의 체질에 맞게 끓여서 茶로 마시면 그것이 바로 약이 되어 병을 예방하고 치료해준다.

그러나 체질에 맞지 않으면 약도 독이 될 수도 있다는 사실을 반드시 유념해야 한다.

폐가 건강한 사람이 도라지와 더덕을 지나치게 많이 먹고 뽕잎차를 즐겨 마시면 반드시 간 기능이 저하될 수 있다.

비장이 건강한 사람이 노란콩, 조, 백출, 인삼 등을 많이 먹거나 茶를 즐기면 신장 기능이 저하된다.

심장이 건강한 사람이 인삼, 팥, 쑥, 커피 등을 많이 먹거나 茶를 즐기면 폐 기능이 저하된다.

간이 건강한 사람이 식초, 녹두, 차전자, 결명자 등을 많이 먹거나 茶를 즐기면 비, 위 기능이 저하된다.

신장이 건강한 사람이 검은콩, 복분자, 숙지황 등을 많이 먹거나 茶를 즐기면 심장 기능이 저하된다. 그러므로 무엇이 좋다는 소문만 듣고 이것저것 함부로 먹으면 오히려 역효과를 낼 수도 있다.

아무튼 자연의 모든 초목은 독초를 포함해서 다 약이 되고 茶가 된다. 때론 독약이 되기도 하지만 심장이 허약한 사람이 적당량을 먹으면 훌륭한 약이 되고 茶가 된다.

이제 자연의 아름다운 풀과 나무를 아름다움으로만 보지 말고 나를 건강하게 해주는 약차(藥茶)의 시각으로 바라보자. 길거리에 조그맣게 피어 있는 노란 민들레도 약차요, 향기로운 국화와 장미도 약차며 측백나무, 오동나무, 함박꽃, 목단, 질경이, 바위틈에 자라는 이름모를 비목까지 약이 아닌 茶가 없으니 이처럼 하늘이 주신 선물에 감사하는 마음을 갖자.

4장 폐, 대장에 좋은 금차金茶

金은 오행을 구성하는 한 요소로 金의 성질에 배속되는 천지자연의 기운은 서쪽을 지배하고 가을과 저녁 기후로 나타난다. 별은 금성이고 색깔은 흰색이며 성질은 강건하고 숙살한다. 사람의 성격은 의로운 것과 통하는데 비통함이 그 속성이다. 오미(五味)는 매운맛이며 오곡 중에서도 현미에 속한다. 마늘, 고추, 양파, 파 등이 다 金에 속한다. 인체에 있어서는 폐, 대장이 金에 속해서 金의 기운과 색깔과 맛이 서로 통해 폐, 대장을 건강하게 해준다. 즉 폐, 대장이 허약하면 서쪽 방위로 향하는 것이 좋고 매운맛과 흰색이 건강하게 해준다. 여기에 金에 속하는 茶를 즐기면 폐, 대장에 속하는 각종 질병을 예방하고 치료도 한다.

폐는 양산 같고 24개의 구멍이 줄지어 있어 청탁을 주관한다. 폐가 병들면 피부가 약해 아프고 한열(寒熱)이 오르내린다. 찬 기운이 침입하면 기침을 하고 온몸이 쑤시고 아프다. 허약함이 심하면 숨을 가쁘게 쉬고 귀가 잘 들리지 않으며 목구멍이 마른다. 또 얼굴색이 희고 재채기를 자주한다. 주로 우울증이나 자해, 자살과 같은 충동을 일으키는 사람도 있다.

그러므로 폐가 허약하면 폐를 이롭게 하는 음식을 먹고 폐기(肺氣)를 보양하는 茶를 즐겨야 건강해진다. 그러나 폐장이 크고 실한데 金에 속하는 것들과 가까이 하면 간, 담과 폐장이 병들게 되므로 茶를 적게 마시는 것이 좋다.

다섯 가지 맛을 지닌 약용 치료제

오미자

오미자(五味子)

Schizandra chinensis Baillon

분포지 전국의 심산지역이나 산골짜기

생육상 낙엽관목

꽃이 피는 시기 6~7월   꽃색 붉은 빛이 도는 황백색

결실기 8~9월

다른 이름 오지자, 북오미자 등

오미자차

효능

폐를 보양하는 중요한 약재이다. 신장을 보양해 정(精)을 충만하게 한다. 당뇨병에 좋으며 입 마른 증세와 해소에 효과가 있다. 특히 겨울이면 원기가 부족한 사람들일수록 기침이 오래가고, 가래도 별로 없는 마른기침을 지속하는 경우가 많다. 이때 오미자차를 묽게 달여 물처럼 마시면 기관지를 수렴시켜줘 기침을 가라앉게 한다. 또 식은땀도 사라지게 하고, 목소리가 잠기고 자주 쉬는 증상에도 효험이 있다. 주의 : 신맛이 강하므로 과다하게 복용하면 기혈이 울체될 수 있다.

만드는 법

1. 오미자를 흐르는 물에 깨끗이 씻어 건진다. 2. 주전자에 물 2,000cc와 오미자 10g을 넣고 충분히 끓인 뒤 우려낸 다음 체로 걸려낸다. 3. 찻잔에 오미자차를 붓고 꿀이나 설탕을 곁들이거나 잣 2~3개를 띄워 마신다. 오미자는 신맛이 너무 강하므로 묽게 달이는 것이 좋다.

재료 오미자 10g, 물 2,000cc, 잣 2~3개, 꿀 또는 설탕

오미자
따뜻한 성질, 신맛

널리 알려진 낙엽만경으로서 6~7월에 꽃이 피고 붉은 빛이 약간 도는 황백색이다. 열매는 8~9월에 홍색으로 익으며 약용으로 쓰인다. 고르지 않은 구형을 이루며 바깥 면에는 주름이 있고 때때로 흰 가루가 묻어 있다. 약간 특이한 냄새가 나며 처음에는 시고 나중에는 떫고 쓴맛이 난다. 주로 지리산, 덕유산, 강원도에 많고 인제, 무주, 장수, 진안, 함양에서 많이 재배한다.

천문동

천문동(天門冬)

Asparagus cochinchinensis Merr.

분포지 따뜻한 지방의 바닷가 풀숲이나 모래땅

생육상 다년초(여러해살이풀)

꽃이 피는 시기 5~6월   **꽃색** 연한 황색

결실기 8월

다른 이름 부지깽이나물

천문동차

효능

폐 속의 음기를 도와주며 신장을 튼튼하게 한다. 신장과 폐의 허열을 제거한다. 거담, 이뇨, 각혈 치료에 효과적이다. 당뇨병에 좋으며 갈증해소 기능이 있다. 성질은 냉하고 맛은 달면서 약간 쓰다. 주요 약효는 음(陰)을 자양하고 조(燥)를 윤택하게 하며 폐를 맑게 해주고 기침을 멎게 하는 효능이 있다.

만드는 법

1. 열매 말린 것을 달이거나 가루를 낸다.
2. 천문동 6~12g을 물 600cc에 끓인 후 마신다.

재료

말린 천문동 6~12g, 물 600cc

천문동

매우 차가운 성질, 단맛과 쓴맛

천문동은 백합과의 여러해살이풀로 뿌리가 사방으로 퍼지는 데 넝쿨 줄기가 1~2m 정도 되며 가지는 가늘고 뾰족하다. 꽃은 5~6월에 피고 잎은 6개이다. 봄에 손가락 같은 육질의 연한 순이 나오는데 이것은 산나물로 이용한다. 덩이뿌리를 천문동이라 부르며 작은 고구마처럼 생긴 괴경이 여러 개 달려 있다. 이것을 주로 약용으로 쓴다. 제주도, 목포, 가야산, 울릉도, 통영, 지리산 등지에서 자생한다.

원기 회복에 탁월한 허열 치료제

더덕

사삼(沙蔘)

Codonopsis lanceolata(S. et Z.) Trautv.

분포지 전국의 산나무 밑 그늘에서 자생, 농가의 밭에서 재배

생육상 다년초(여러해살이풀)

꽃이 피는 시기 7~8월 **꽃색** 연한 녹색

결실기 11월

다른 이름 행엽채근, 사삼, 행엽, 행엽채 등

더덕차

효능

폐를 건강하게 한다. 거담, 강장 치료제로 천식 등 호흡기 질환에 효능이 있다. 기관지병과 가래가 심할 때 특히 효과가 좋다. 변비, 두드러기에 특효하다. 더덕은 원기를 돕는 작용이 있어 몸이 허약해 자주 졸거나 피곤함을 잘 느끼는 사람에게 좋다. 또한 잘 놀라고 가슴이 답답할 때 복용하면 효과적이다. 결핵, 피부병, 성인병, 혈전, 중풍, 심근경색, 여성의 냉대하에 효과가 있다.

만드는 법

1. 생더덕 한 뿌리와 우유 200㎖, 꿀을 준비한다.
2. 더덕을 깨끗이 손질하여 강판에 곱게 간다.
3. 따뜻하게 데운 우유에 갈아낸 더덕을 넣고, 꿀을 한 스푼 넣어 마신다.

재료

생더덕 한 뿌리, 우유 200㎖, 꿀

더덕

차가운 성질, 단맛과 쓴맛

사삼이라 하는 약재이다. 생김새가 인삼과 비슷한 데다 인삼의 주요 성분 중 하나인 사포닌이 들어 있어 중국에서는 사삼이라 불렸다. 다년생 덩굴식물인데 뿌리가 도라지 같다. 8~9월에 꽃이 피며 나무의 등을 감고 올라가는 것이 특징이다. 잎은 3~4개씩 마디에서 나며 자르면 우윳빛의 즙액이 나온다. 약용, 식용으로 재배하며 뿌리에서 특유한 향이 난다.

기관지병에 뛰어난 효능을 보이는 거담치료제

도라지

길경(桔梗)

Platycodon grandiflorum (Jacq.) A. DC.

분포지　전국의 산과 들, 산기슭

생육상　다년초(여러해살이풀)

꽃이 피는 시기　7~8월　　꽃색　자주색, 흰색

결실기　10월

다른 이름　도랏, 백약, 경초, 길경 등

도라지차

효능

폐기(肺氣)를 치료하고 보양하며 폐열을 내려준다. 담을 없애고 해수를 멎게 하며 기관지염을 치료한다. 목이 붓거나 종기가 났을 때 잘 낫게 해준다. 생뿌리를 찧어서 종기에 붙이면 고름이 제거된다. 배가 아플 때 통증을 멎게 도와주며 기관지병에 탁월한 효능을 보인다. 가슴이 답답한 것을 풀어주고 농혈을 제거하며 기혈을 보강한다. 담을 녹이고 소화를 촉진시켜주며 한과 열을 제거하고 식독과 주독을 풀어준다. 면역기능을 높이고 콜레스테롤 수치를 낮추며 다양한 암 예방에도 도움을 준다.

만드는 법

1. 도라지와 감초를 깨끗이 씻고 물기를 뺀다.
2. 용기에 도라지와 감초를 넣고 물을 부어 끓인다.
3. 끓기 시작하면 불을 줄인 후 10분 정도 더 끓인다.
4. 건더기는 체로 걸러내고 국물만 찻잔에 따른다. 도라지는 쓴맛이 있기 때문에 입맛에 따라 귤껍질을 조금 넣어 달이거나 설탕을 가미해서 마셔도 좋다.

재료 말린 도라지 10g, 감초 10g, 물 약 1.0(귤껍질이나 설탕 조금)

도라지
평이한 성질, 쓴맛과 매운맛

백약, 경초, 길경이라 하며 중요한 약재로 쓰인다. 흔히 먹는 다년초로서 오래된 것일수록 효과가 뛰어나다. 뿌리는 굵고 줄기는 곧게 자라며 잘랐을 때 흰색 즙액이 나온다. 높이는 40~100cm이다. 잎 끝은 날카롭고 밑부분이 넓다. 열매는 삭과로서 달걀 모양이고 꽃받침조각이 달린 채로 익는다. 도라지의 주요 성분은 사포닌이다. 전국의 산야에서 자생하고 재배한다.

버릴 것 하나 없는 효과 만점의 치료제

뽕나무

상백피(桑白皮)

Morus alba L.

분포지 전국의 마을 부근

생육상 낙엽교목 또는 관목

꽃이 피는 시기 6월   꽃색 노란 빛을 띤 녹색

결실기 6월

다른 이름 뽕, 상수, 백상, 상백피, 오디, 상토, 상목, 상엽, 상심 등

상백피차

효능

폐를 좋게 하며 종기가 아물지 않을 때 상백피를 가루내어 뿌리면 아문다. 여드름이나 부스럼으로 고생하면 잎을 쪄서 햇빛에 말린 뒤 가루를 내어 꿀에 타 마시면 좋다. 가지를 말려서 茶로 자주 마시면 고혈압과 당뇨에 효과를 본다. 소화와 소변에 효과가 있으며 비만과 두통에도 특효하다. 천식과 출혈에도 탁월한 효능을 발휘한다.

만드는 법

1. 뿌리는 겉껍질을 벗겨내고 속의 흰 껍질을 취해서 말린 뒤 달이거나 가루를 낸다.
2. 끓는 물에 뽕잎과 꿀을 넣고 잘 섞는다. 3. 약한 불로 줄여 손으로 만져 끈적이지 않을 정도로 고은 후 꺼내어 식힌 뒤 냉장고에 보관해둔다. 4. 뽕잎 10g을 찻잔에 담는다. 5. 끓는 물을 부어 2~3분 우려낸다. 건더기는 건져내고 꿀을 조금 넣고 마신다.

재료

뽕잎 100g, 꿀 25g

상백

차가운 성질, 단맛과 신맛

뽕나무를 상백이라 한다. 잎을 상엽이라 부르고 가지를 상지라 한다. 뿌리껍질은 상백피라 하며 열매는 오디라 한다. 잎으로 누에를 길러 버릴 것이 하나도 없으며 나무 전체를 약으로 사용할 수 있다. 전국 각지에서 재배한다.

생식으로 널리 이용되는 맛좋은 약재

머루

왕머루
Vitis amurensis Rupr.

분포지   전국의 야산이나 산기슭

생육상   낙엽관활목

꽃이 피는 시기   6월   꽃색   담록색

결실기   9~10월

다른 이름   모래순, 머래순, 왕머루, 멀구덩굴 등

머루차

효능

폐기(肺氣)를 좋게 하며 감기, 기침, 해소에 특효하다. 산후 복통에 효과가 있으며 신경통에도 이용된다. 생식, 머루주, 머루즙 등으로 사용되며 열매는 부스럼, 종기치료에 탁월한 효능을 보이며 뿌리는 임질 등의 치료에 이용된다.

만드는 법

1. 머루 500g을 깨끗이 씻어 알만 따로 따서 물기를 제거하고 항아리에 넣는다.
2. 과당 500g을 붓고 15~20℃에서 15일 간 발효시킨다.
3. 베보자기로 1차 여과 후 여과지로 곱게 여과하여 4℃에서 3일 간 보관한 후 다시 3번 거른 뒤 4℃에 계속 보관한다.
4. 1일 1~2회 20㎖를 80㎖의 물에 희석하여 마시며 여름에는 얼음을 사용하고 겨울에는 끓인 물을 90℃로 식혀 타서 마신다.

재료 머루 500g, 과당 500g, 물 100㎖, 베보자기

머루
평이한 성질, 단맛

낙엽관활목으로 줄기 길이가 100m에 달한다. 잎은 심장 모양으로 생겼으며 톱니가 있다. 6월에 담록색의 꽃이 원추형으로 핀다. 꽃이 피고 난 뒤 9~10월에 까만 열매가 흑색으로 익으며 내한성이 강하고 음지에서 잘 자라는 식물이다. 주석산, 구연산, 사과산 등이 소량 함유되어 있고 칼슘, 철분 등이 들어 있으며 껍질에는 타닌, 지방 종자에는 지방유, 잎에는 환원당, 녹말 성분이 포함되어 있다. 전국의 야산에서 자생한다.

고운 꽃잎 속에 감춰진 노화방지제

연꽃

연실(蓮實)

Nelumbo nucifera Gaertner

분포지 전국 각지의 강이나 연못

생육상 다년초(여러해살이풀)

꽃이 피는 시기 7~8월   **꽃색** 연분홍 빛을 띤 흰색(연한 붉은색)

결실기 10월

다른 이름 우절, 연방, 하, 연화, 홍연화, 백연화, 연근, 연우 등

연꽃차

효능

폐기(肺氣)와 위를 돕고 심장을 깨끗이 한다. 장(腸)과 신장을 건강하게 해주며 가슴이 두근대는 증세에 효과적이다. 오래도록 마시면 늙지 않고 흰머리가 검게 된다고 전해진다. 함유 성분 또한 다양하고 약효성이 강하며 건강식으로 좋다. 혈을 잘 순환하게 하고 어혈을 제거한다. 장복하면 사람의 마음을 맑게 하고 기분을 좋게 하며 인체에 유효하게 쓰이며 특히 산모에게 좋다.

만드는 법

1. 이른 아침에 연꽃을 따서 흐르는 물에 깨끗이 씻는다.
2. 연꽃 한 송이에 녹차 30g을 한지에 싸서 종이끈으로 꽃잎을 오므려 살짝 묶어둔다. 3. 한지에 차를 싸서 꽃과 함께 비닐봉지에 넣어 냉장실에 하루 동안 넣어둔다. 4. 물에 끓인 뒤 마시면 된다.

재료

연꽃, 녹차 30g, 물 600cc

연꽃
평이한 성질, 단맛과 쓴맛

연못에서 자라는 다년초로서 뿌리가 길게 옆으로 뻗는다. 마디가 많으며 가을에는 특히 끝부분이 굵어진다. 잎은 물 위에 솟고 색깔은 암흑색이며 꽃은 7~8월에 연분홍빛이 감도는 흰색으로 핀다. 아시아 남부와 오스트레일리아 북부가 원산지이다. 진흙 속에서 자라면서도 청결하고 고귀한 식물로, 여러 나라 사람들에게 친근감을 주어 온 식물이다.

잦은 타박상이나 요통등의 골절 치료에 뛰어난 약재

자귀나무

합환목(合歡皮)

Albizzia julibrissin Durazz.

분포지 우리나라 중부지역, 황해도 이남지역

생육상 낙엽소교목

꽃이 피는 시기 6~7월   **꽃색** 붉은색

결실기 9~10월

다른 이름 관상수, 합혼수, 야합수, 합혼목, 야합목, 합환수 등

자귀나무차

효능
폐를 건강하게 다스리며 폐결핵 약으로 쓰인다. 타박상이나 골절상에 좋다. 혈(血)을 조화롭게 하고 통증을 없앤다. 자귀나무 껍질은 요통이나 타박상, 어혈, 골절통 등을 치료하는 훌륭한 약재이며 치료 효과가 꽤 높다. 또한 독성이 없는 것이 특징이며 오랫동안 꾸준히 복용해야 제대로 효과를 볼 수 있다.

만드는 법
1. 몸통 원가지를 잘라서 말린 뒤 달이거나 쪄서 가루를 낸다.
2. 말린 꽃을 먹을 때에는 물 한 되에 꽃잎 한 줌(20g 정도)을 넣고 물이 반쯤 되게 달여서 그 물을 茶로 끓여서 마시면 된다.

재료
말린 자귀나무 꽃잎 20g, 물 600㎖

자귀나무
평이한 성질, 단맛

낙엽소교목으로서 큰 가지가 드문드문 나와 퍼지고 잎은 갈라져 길게 나 있다. 6~7월에 붉은색 꽃이 피고 9~10월에 열매가 익는다. 아시아가 원산지며 붉은 실타래를 풀어놓은 듯한 꽃과 저녁마다 서로 맞붙어 잠을 자는 잎이 매우 인상적이다. 이 나무를 집 앞에 심으면 가정이 화목해진다는 속설이 있어서 정원이나 길가에 흔히 심는다.

홍자색 꽃을 피우는 지혈제

자란

백급
Bletilla striata (Thunb.) Reichb. fil.

분포지 우리나라 남부(다도해 섬 지방 및 목포)의 바닷가 바위틈
생육상 다년초(여러해살이풀)
꽃이 피는 시기 5~6월 꽃색 홍자색, 붉은 빛이 도는 자주색
결실기 10월
다른 이름 백급, 주란, 대암풀, 주란 등

자란차

효능

폐 기능을 보호하고 튼튼하게 하는 중요한 약재이며 지혈 작용을 한다. 폐결핵에 각혈이 있을 때 멎게 해주며 출혈을 멈추는 효능이 있어 위출혈에도 좋다. 뿐만 아니라 잦은 기침이나 손발이 튼 데에도 좋으며 붓기를 가라앉혀주며 새살을 돋게 해준다. 칼이나 낫 같은 날카로운 도구로 인한 상처나 화상을 입었을 때 사용하면 더욱 효과적이다.

만드는 법

1. 자란의 뿌리를 달이거나 쪄서 가루를 낸다.
2. 자란꽃 뿌리 9~15g, 물 600cc를 넣고 우려낸 뒤 마신다.

재료

말린 자란꽃 뿌리 9~15g, 물 600cc

자란

평이한 성질, 쓴맛

백급 또는 주란, 대암풀이라고 한다. 주로 양지 쪽에서 자라며 다년초로서 5~6개의 잎이 밑에서 감싸 원줄기처럼 보이고 긴 타원형을 이룬다. 5~6월에 홍자색 꽃이 피는데 꽃이 유난히 아름다워 정원용으로 많이 심는다. 뿌리에 점액질이 많은 게 특징이며 주로 접착제를 만드는 원료로 사용되며 식용으로 이용된다. 줄기는 단축되어 둥근 알뿌리로 되어 있다.

경기(驚氣)와 한열(寒熱)에 쓰이는 해담·거담제

잔대

사삼(沙蔘)

Adenophora triphylla var. japonica Hara

분포지 전국의 산야지

생육상 다년초(여러해살이풀)

꽃이 피는 시기 7~9월   꽃색 하늘색

결실기 11월

다른 이름 딱주, 제니 등

잔대차

효능

한방이나 민간에서는 뿌리를 사삼이라 하여 경기(驚氣)와 한열(寒熱)에 쓰고 해담·거담제에도 사용한다. 폐기(肺氣)를 도와서 건강하게 하며 폐열을 내려준다. 폐가 냉할 때는 인삼과 같이 사용해서 폐를 건강하게 한다. 담을 없애고 강장약으로 쓰인다. 소변이 잘 나오지 않을 때 효과가 있다. 산후조리에 좋고 불임증에도 좋다.

만드는 법

1. 잔대 뿌리를 말려서 달이거나 쪄서 가루를 낸다.
2. 잔대 9~15g, 물 600㎖를 넣고 우려낸 뒤 마신다.

재료

잔대 9~15g, 물 600㎖

잔대
차가운 성질, 단맛과 쓴맛

다년초로서 높이가 40~120cm 가량 되며 뿌리가 굵고 잔주름이 둘러 처져 있다. 7~9월에 하늘색 꽃이 핀다. 전국의 산과 들에서 자생한다. 꽃은 작은 종 모양으로 여러 송이씩 귀엽게 매달려 있고 줄기가 길어 비스듬히 누워서 꽃을 피운다. 어린 줄기와 잎은 나물로 무쳐 먹으며 잔대를 비롯한 도라지과의 풀들은 꽃이 아름다워서 관상용으로 많이 심는다.

폐와 위를 깨끗하게 해주는 약재

갈대

노근(蘆根)

Phragmites communis Trin.

분포지 전국의 연못이나 개울가

생육상 다년초(여러해살이풀)

꽃이 피는 시기 9월   꽃색 자주색에서 자갈색으로 변모

결실기 10월

다른 이름 달, 노근 등

갈대차

효능

폐를 깨끗이 하고 해열 작용이 있어 폐열을 식히며 위를 건강하게 한다. 갈증을 해소해주고 소염 치료 효과도 있다. 당뇨병에 효능이 있으며 토사곽란에 갈대꽃을 달여서 茶로 마시면 효험을 본다. 폐병 치료에 효과가 있으나 단, 비위가 허약해 소화가 좋지 않으면 피하는 것이 좋다.

만드는 법

1. 뿌리를 말리거나 또는 생으로 달인다.
2. 잘 말린 갈대 뿌리 6~12g, 물 600㎖ 를 넣고 끓인 뒤 마신다.

재료

잘 말린 갈대 뿌리 6~12g, 물 600㎖

갈대

차가운 성질, 단맛

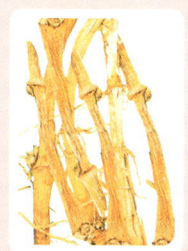

다년초로서 습지대에서 자생한다. 줄여서 갈이라고도 하며, 한자로 노(蘆) 또는 위(葦)라 한다. 키가 13m까지 자란다. 원줄기는 속이 비고 마디가 있으며 9월에 자주색 또는 자갈색 꽃이 핀다. 습지나 갯가, 호수 주변의 모래땅에서 군락을 이루고 자란다. 뿌리줄기의 마디에서 황색의 수염뿌리가 많이난다. 열매는 영과(穎果)이고 종자에 갓털이 있어 바람에 쉽게 날려 멀리 퍼진다.

茶 한 잔으로 마음을 다스리자

성내고 슬퍼하고 근심하며 두려워하는 이 모든 것들이 만병의 근원이 된다. 하지만 이러한 마음의 병도 茶 한 잔을 통해 다스릴 수 있다. 세상 만물은 사람의 마음에 따라서 반응한다. 풀잎도 내가 사랑스러워하면 잘 자라고 생기가 넘치지만 성낸 마음, 미워하는 마음, 괴로운 마음, 두려운 마음으로 대하면 잘 자라지 못하며 누렇게 말라간다. 이처럼 보잘것없이 보이는 식물도 사람의 감정에 영향을 받는다.

한 예로 캐나다의 한 연구소에서 나무와 사람의 관계를 알아보기 위해 실험을 해보았다고 한다. 벌목을 하는 사람과 산림을 가꾸는 사람을 산에 데리고 가서 나무의 파장을 측정해보았다. 그런데 벌목하는 사람이 나무 곁에 가자 파장이 심하게 떨면서 곡선을 그렸다. 반면 산림을 가꾸는 사람이 곁에 가자 나무의 파장이 아까와는 달리 부드럽고 온화했다고 한다.

이뿐만이 아니다. 물 한 방울도 사람의 마음에 따라 감응하며 글자에도 반응한다. 생수 두 컵을 떠놓고 한 컵에는 죽일 살(殺) 자(字)를, 한 컵에는 생(生) 자를 써서 붙여놓고 물의 파장을 시험해보니 살(殺) 자(字)가 붙은 컵의 물은 심하게 떨리고 생(生) 자(字)

를 붙인 물은 매우 부드러운 파장이 일었다고 한다. 이런 무생물도 감정에 따라 반응을 하는데 하물며 사람의 마음이야 말할 것도 없다. 성내면서 물을 마시면 물의 입자가 성낸 사람의 마음처럼 흔들려 인체에 해를 준다. 반면 온화한 마음으로 물을 마시면 온화한 마음처럼 물의 입자가 움직여 인체에 덕을 준다.

차를 마실 때도 마찬가지다. 아무리 좋은 약성이 있는 茶라도 성내고 슬퍼하며 차를 마시면 약성이 반감된다. 반면 좋은 마음으로 茶를 마시면 약성이 배가 된다.

그런데 사람이 자신의 마음을 다스린다는 것은 참으로 어렵다. 특히나 감정이 격해졌을 때 자기 감정을 다스리기란 거의 불가능하다. 그러나 감정이 격해지면 반드시 오장 중 어느 하나가 충격을 받아서 그만큼 세포가 파괴된다. 격한 감정이 지속되면 결국 그 장부는 심각한 병을 앓게 된다.

그러므로 격한 감정에 휩싸이지 않는 것이 건강에 가장 좋은 방법이다. 성인군자가 아닌 다음에야 매일 그리할 수는 없지만 평소에 마음을 다스리는 습관을 기르는 것이 좋다.

그러면, 어떻게 茶를 마시면서 마음을 다스리는 것이 좋을까?

분한 마음이 가득 차 있으면 매운맛 나는 약성의 茶를 앞에 놓고 먼저 비애에 젖어보자. 매운맛 나는 약성의 茶와 비(悲)는 분노를 이기므로 성이 저절로 풀어진다.

슬픔에 가득 차서 눈물이 쏟아질 것 같거든 짠맛 나는 약성의 茶 한 잔을 앞에 놓고 무서운 기억을 떠올려보자. 짠맛 나는 茶의 약성과 무서움은 슬픔을 이기므로 슬픔이 저절로 사라진다.

근심 걱정이 가슴에 가득하거든 신맛 나는 약성의 茶 한 잔을 앞에 놓고 화났던 일을 생각해보자. 신맛 나는 약성의 茶와 성은 근심 걱정을 이기므로 온갖 고민이 저절로 사라진다.

비애에 젖어 괴로움이 가슴에 가득 차거든 쓴맛 나는 약성의 茶 한 잔을 앞에 놓고 기쁜 일들을 쉼 없이 떠올려보자. 쓴맛 나는 茶

와 기쁨은 비통한 마음을 이기므로 저절로 고통스러운 마음이 사라진다.

두려움이 가슴에 가득해서 어찌할 바를 모르겠거든 단맛 나는 약성의 茶 한 잔을 앞에 놓고 근심 걱정되는 일들을 떠올려보자. 단맛 나는 茶의 약성과 근심 걱정은 두려움을 이기므로 제아무리 무서운 일도 눈 녹듯이 사그라지게 만든다.

이렇게 마음을 다스리며 茶를 마시면 몸과 마음을 건강하게 해주므로 차를 늘 가까이 하며 좋은 습관으로 차를 마시도록 하자.

5장 신장, 방광에 좋은 수차水茶

신장과 방광은 오장 중에서 水에 속한다. 水는 글자가 뜻하는 바대로 크게 보아 추위를 주관한다. 계절은 겨울과 상응하고 하루 중 야밤과 코드가 맞다. 그리고 북쪽과 水星의 기운과도 연결된다. 오곡은 검은쌀, 검은콩, 검은깨 등이 이에 속하며, 육류로는 돼지고기의 성분이 신장, 방광으로 들어간다. 오미(五味)는 짠맛이며 색깔은 검은색이다.

이와 같은 천지자연의 성질은 신장, 방광과 코드가 맞아서 신장, 방광에 영향력을 행사한다. 이를테면 신장, 방광이 허약하다는 것은 水氣가 부족하다는 뜻이다. 水氣가 부족하기 때문에 추위와 밤과 북쪽과 짠맛과 검은색 그리고 水에 속하는 동식물이 신장, 방광에 도움이 된다. 신장과 방광이 허약한데 심장과 비위에 속하는 음식을 많이 먹거나 茶를 즐겨 마시면 어떻게 될까? 심장에 속하는 火는 水氣를 흡수하기 때문에 신장과 방광이 더욱 허약해져서 병들게 된다.

그러므로 신장, 방광이 허약하면 金과 水에 속하는 茶를 많이 마셔야 건강해진다. 반대로 신장과 방광이 크고 실한 사람은 몸이 몹시 냉한 체실이어서 상대석으로 심장과 비, 위가 허약해진다. 또 냉하기 때문에 폐, 대장이 좋지 않아서 호흡기 질환이나 변비, 자궁질환 등을 앓을 수 있다. 이런 사람은 金과 水에 속하는 茶를 적게 마시고 木과 火와 土에 속하는 茶를 즐겨야 한다. 木에 속하는 간은 신장의 기운을 끌어가고 火에 속하는 심장은 신장의 기운을 따뜻하게 해주고 土에 속하는 비장은 신장의 기운을 흡수하고 억제해주기 때문이다.

그러므로 신장, 방광이 허약하면 水茶를 즐겨 마시고 크고 실하면 木茶, 火茶, 土茶를 즐기되 火茶를 더 즐겨 마시는 것이 효과적이다.

정(精)을 충만히 채워주는 강장제

복분자

복분자(覆盆子)

Rubus coreanus Miquel

분포지 전국의 산언덕이나 양지바른 곳

생육상 낙엽관목

꽃이 피는 시기 5~6월   **꽃색** 연한 홍색

결실기 7~8월

다른 이름 곰딸, 복분자딸기 등

복분지차

효능

신장을 이롭게 하고 따뜻하게 하며 보호해준다. 정(精)을 충만히 해 강장한다. 성기 발육을 촉진하며 당뇨병에 좋다. 동의보감(東醫寶鑑)에서는 "성질은 평(平)하며 맛은 달고 시며 독이 없다. 남자의 신기(腎氣)가 허 하고 정(精)이 고갈된 것과 여자가 임신되지 않는 것을 치료한다. 또한 간을 보하며 눈을 밝게 하고 기운을 도와 몸을 가뿐하게 하며 머리털이 희어지지 않게 한다"라고 기록되어 있다. 또한 과로나 빈뇨증, 성인병 예방에도 효과가 있다.

만드는 법

1. 햇볕에 복분자를 잘 말려서 가루를 낸다.
2. 잘 말린 복분자 20g, 물 1컵, 꿀을 준비한다. 끓는 물에 복분자 가루와 꿀을 타서 하루에 2~3번 나누어 마신다.

재료

잘 말린 복분자 20g, 물 1컵, 꿀

복분자
평이한 성질, 단맛과 신맛

장미과의 복분자딸기를 복분자라 한다. 복분자를 많이 먹고 난 뒤 오줌 줄기가 너무 강해서 요강이 뒤집어졌다는 말이 있어 복분자(覆盆子)라는 이름이 지어졌다고 한다. 낙엽관목으로서 높이가 3m에 이르고 줄기 끝이 휘어져 땅에 닿으면 뿌리가 내린다. 줄기는 자줏빛이 도는 적색이고 가시가 있다. 5~6월에 꽃이 피며 꽃받침에 털이 나 있다. 전국의 산언덕이나 양지바른 곳에서 자생한다.

불면증에 탁월한 특효약
백자인

백자인(柏子仁)
Thuja orientalis L.

분포지 전국 각 지역
생육상 상록교목
꽃이 피는 시기 4월   꽃색 홍색, 황색, 백색 등
결실기 9월
다른 이름 측백자

백자인차

효능
신장을 윤택하게 하고 신장이 냉할 때 따뜻하게 해준다. 심장 기능을 좋게 해 자주 놀라는 증상이 있을 때 낫게 한다. 잎은 지혈 작용이 있으며 코피가 멎지 않을 때 특효하다. 뜨거운 물에 데어 화상을 입었을 때 냉수에 담궜다가 잎이나 씨를 찧어서 붙여두면 낫는다. 변비에 뛰어난 효과를 보인다.

만드는 법
1. 씨앗을 말려서 달이거나 가루를 낸다.
2. 백자인 20g 정도를 물 400cc와 함께 넣어서 물이 100cc가 될 때까지 약한 불로 끓인다.
3. 잘 우려낸 뒤 식혀서 마신다.

재료
백자인 20g, 물 400cc

백자인
평이한 성질, 단맛

측백나무 열매를 한약재로 백자인이라 한다. 원둥치는 회갈색인데 큰 가지는 적갈색이고 작은 가지는 녹색이며 잎은 바늘 모양으로 잘게 갈라진다. 꽃은 4월에 피고 9월에 열매가 익는다. 전국 각 지역에서 울타리로 많이 심는다.

간 기능을 좋게 해주는 간 보호제

겨우살이

기생초(妓生草)
Zizyphus jujuba Mill.

분포지   한라산, 운문산, 덕유산, 월악산, 지리산 노고단 등

생육상   상록관목

꽃이 피는 시기   11~12월   꽃색   황색(노란색)

결실기   12~2월

다른 이름   기생초

겨우살이차

효능

신장을 보양하여 강장약으로 쓰인다. 간 기능을 좋게 해줄 뿐만 아니라 근육과 뼈를 튼튼하게 만들어준다. 류머티즘, 신경통 등의 통증에 탁월한 효능을 보인다. 혈(血)을 기르고 습(濕)을 제거해주며 항암 효과와 혈압강하 효과가 있다. 이뇨 작용 및 안신 작용이 있다.

만드는 법

1. 채취한 겨우살이를 잘게 썰어 말린다.
2. 잘게 썬 겨우살이 10g 정도를 소주컵 1잔 기준으로 유리주전자나 약탕관에 넣고 끓인다.
3. 약한 불로 1시간 정도 달인 뒤 불을 끄고 물이 식으면, 겨우살이를 걸러내고 냉장고에 보관하여 수시로 마신다. 연하게 끓이면 감잎차나 녹차 향의 맛이 난다.

재료

잘 말린 겨우살이 10g, 물 100~200cc

겨우살이
평이한 성질, 쓴맛

상록관목이며 참나무, 팽나무, 물오리나무, 밤나무, 자작나무 등에 둥지 모양으로 둥글게 기생한다. 가지는 황록색으로 마디가 있다. 잎은 녹색이며 꽃은 황색을 띤다. 열매는 둥글며 연황색이다. 과육이 잘 발달되어 산새들이 좋아하는 먹이가 되며 이 새들에 의해 나무로 옮겨져 퍼진다. 주로 한라산, 운문산, 덕유산, 월악산, 지리산 노고단 부근에서 많이 자생한다.

죽은 후에도 오랫동안 썩지 않는 불로장생의 나무

광나무

여정실(女貞實)
Ligustrum japonicum Thunb.

분포지   제주도, 지리산, 울릉도 등

생육상   상록관목

꽃이 피는 시기   7〜8월   꽃색   흰색

결실기   10〜11월

다른 이름   여정실

광나무차

효능

신장의 기운을 도우며 간 기운이 부족할 때 약으로 사용한다. 무릎과 허리가 약하거나 아플 때 좋다. 귀에 소리가 날 때도 뛰어난 효과가 있다. 변비에 좋고 부스럼을 치료할 때 쓰인다. 부스럼은 잎을 삶아서 그 물로 씻거나 찧어서 환부에 붙이면 된다. 오래 복용 시 불면증이나 식욕부진, 고혈압, 신경통, 관절염, 근육통 등이 예방되고 흰머리가 검어지고 양기가 세어지며 잘 늙지 않고 오래 살수 있게 된다.

만드는 법

1. 열매는 겨울철에 따서 그늘에서 말렸다가 찜통에서 다시 한 번 쪄서 말린 뒤 쓴다. 말릴 때 곰팡이가 피거나 벌레가 먹지 않도록 주의한다.
2. 1~2개월쯤 잘 마른 광나무 열매를 믹서에 넣고 거칠게 가루를 내어 하루 10~15g을 달여서 마신다. 너무 많이 마시면 약성이 지나쳐 부작용이 나타날 수도 있으니 주의한다.

재료 말린 광나무 열매 10~15g, 물 600㎖

광나무
평이한 성질, 단맛과 쓴맛

한약재로 열매를 여정실이라 한다. 상록관목으로서 키가 3~5m나 된다. 가지는 회색이고 잎은 긴 타원형이며 7~8월에 꽃이 핀다. 열매는 10~11월에 자줏빛 흑색으로 익고 겨울에도 열매가 매달려 있는 것이 특징이다. 광나무는 소금 성분이 많아 여느 나무보다 훨씬 오래 살고, 죽은 뒤에도 오랫동안 썩지 않는 특성을 지녔다. 제주도, 지리산, 울릉도 등지에서 많이 자생한다.

삼지구엽초

음양곽(淫羊藿)

Epimedium koreanum Nakai

분포지 남부·중부 북부지역의 산속

생육상 다년초(여러해살이풀)

꽃이 피는 시기 5월   **꽃색** 노란색이 도는 흰색

결실기 7월

다른 이름 삼지초, 음양곽, 선령비 등

삼지구엽초차

효능

신장뿐만 아니라 명문을 돕는 중요한 약재이다. 양기를 강하게 해 발정의 효능이 있다. 남성의 양물을 강하게 하고 여성의 음부 발육에 효능이 좋다. 불임증에 인삼 2~3g을 삼지초 10g의 비율로 섞어 차로 마시면 효과를 볼 수 있다. 신경쇠약, 히스테리, 건망증과 무력증, 월경 장애, 이명증이나 현기증 치료 효과, 바이러스에 대한 억제 작용도 있다.

만드는 법

1. 잎을 햇빛에 말려서 달이거나 가루를 낸다.
2. 삼지초 10~15g과 물 600㎖ 정도를 넣고 10~15분 정도 약한 불로 끓인다. 이때 감초나 대추 등을 첨가하면 쓴맛을 줄일 수 있다. 약간 쓰고 떫은맛이 싫다면 꿀이나 설탕을 첨가하여 음용한다. 끓여낸 차는 냉장고에 밀봉된 용기에 보관하며 여름에는 시원하게, 겨울에는 따뜻하게 데워 먹는다.

재료 삼지초 10~15g, 물 600㎖,감초나 대추, 설탕 또는 꿀 약간

삼지구엽초
차가운 성질, 쓴맛과 매운맛

다년초로서 삼지초라 하고 한약재로는 음양곽이라 한다. 대개 남녀의 정력 증강에 쓰인다. 키가 40~80cm 정도이고 회청색인데 5월이면 원줄기 끝에 노란색이 도는 흰색 꽃이 많이 핀다. 중국, 일본, 유럽 등지에 주로 분포하는 음양곽은 우리나라에서는 중부 이북지방의 산기슭이나 해발 100~1,200m의 나무 밑에서 자란다. 팔당, 천마산, 김천, 철원 등지에서 많이 자생한다.

속단

천속단(川續斷)

Phlomis umbrosa Turcz.

분포지 전국의 산야

생육상 다년초(여러해살이풀)

꽃이 피는 시기 7월   꽃색 붉은색

결실기 9월

다른 이름 천속단, 천단 등

속단차

효능

신장을 보익해주며 간 기능을 좋게 한다. 요통에 효능이 있고 혈맥을 통하게 해 타박상, 금창, 근골 손상에 약으로 쓰인다. 염증에 음용하고 지혈 작용이 있다. 주로 근맥과 뼈를 튼튼히 해주며 혈맥을 조화롭게 하거나 허리나 무릎의 시큰한 통증을 개선시켜준다. 다리에 힘이 없는 증상도 치료한다. 또 유정이나 대하증 같은 여성의 하혈증에 응용하면 탁월한 효과를 볼 수 있다.

만드는 법

1. 뿌리를 말려서 달이거나 쪄서 가루를 낸다.
2. 속단 6~12g을 600cc 정도의 물에 넣은 뒤 끓인다. 매일 3회씩 마시면 효과를 볼 수 있다. 단, 과로하여 답답한 증상이 있거나 고열이 있으면 마시지 않는 것이 좋다.

재료

속단 6~12g, 물 600cc

속단
약간 따뜻한 성질, 쓴맛

속단은 꿀풀과의 다년초로서 잔털이 있다. 가을에 뿌리를 캐서 깨끗이 씻은 후 그늘에 말려 약으로 쓴다. 끊어진 것을 이어준다는 의미처럼 속단은 간과 신의 기능을 도와 근육과 뼈를 강하게 해주는 효과가 있다. 줄기 꼭대기에 4~5개의 꽃이 피며 붉은 빛이 도는 특징이 있다. 전국의 산야에서 자생하고 지리산, 천성산, 부산 가덕도에 많다.

하수오

하수오(何首烏)
Pleuropterus multiflorus Turcz.

분포지 전국의 산이나 들의 양지바른 풀밭, 바닷가 비탈진 곳

생육상 덩굴성식물

꽃이 피는 시기 8~9월   꽃색 흰색

결실기 10월

다른 이름 은조롱, 진지백, 산옹, 산정, 야합, 지정 등

하수오차

효능

신장을 돕는다. 정(精)을 튼튼하게 하여 강장, 강정 작용을 한다. 근골을 건강하게 해준다. 머리카락을 검게 하는 성분을 함유하고 있다. 하수오는 적하수오와 백하수오가 있는데 흰머리가 많아서 고민인 사람들은 백하수오를 사용한다. 피로 회복과 정력에 좋으며 신경쇠약, 건망증, 불면증, 식욕부진, 과로에 특효하다. 혈색이 좋아지는 효과도 있으며 노화 방지에도 효능이 있다.

만드는 법

1. 뿌리를 말려서 달이거나 쪄서 가루를 낸다.
2. 차관에 하수오 6g, 물 300㎖ 정도를 넣고 끓인 뒤 잘 우려낸 후 마신다. ※ 차로 마시는 방법 외에 말린 하수오를 달여서 꿀을 섞어 마시거나 하수오와 검은깨를 분말로 만든 다음 꿀에 버무려 환약으로 만들어 먹어도 좋다.

재료

하수오 6g, 물 300㎖

하수오

약간 따뜻한 성질, 쓴맛과 단맛

덩굴식물로서 뿌리는 고구마 같으며 겉은 누런빛이 도는 갈색이고 속은 흰빛이다. 맛은 약간 쓰면서도 떫다. 잘 씹어보면 밤맛, 고구마맛, 배추뿌리맛이 섞여 있다. 8~9월에 흰 꽃이 가지 끝에서 핀다. 줄기는 왼쪽 방향으로 주위의 나뭇가지나 풀 같은 것을 감으면서 자라는 성질이 있고 줄기나 잎을 자르면 흰 즙이 나온다. 여천, 인제, 영광, 제주도, 연천에서 많이 재배한다.

소염제, 안약의 원료로 쓰이는 치료제
황경피나무

황백(黃柏)
Phellodeneron amurense Ruprecht

분포지 전남 충북을 제외한 전국의 야산

생육상 낙엽교목

꽃이 피는 시기 6~7월   꽃색 황색(노란색)

결실기 7월

다른 이름 황백나무, 황벽나무, 황경나무 등

황경피나무차

효능

신장을 건강하게 해주며 해열 작용과 해독 작용이 있다. 당뇨병에 좋으며 위염, 복통, 황달에 도움을 준다. 폐열을 내려준다. 소염제, 안약의 원료로 쓰인다. 황백(황경피나무의 껍질)을 곱게 가루를 내어 물에 담가 점안(点眼: 눈에 물방울을 떨어뜨리는 것)하면 요통에 잘 듣는다. 주의 : 약성이 매우 차므로 허한(虛寒)한 병증이나 체질은 복용을 금한다.

만드는 법

1. 껍질을 벗겨서 껍질의 거친 겉부분을 떼어내고 말린 것을 달이거나 쪄서 가루를 낸다.
2. 황경피나무 열매 말린 것 10~15g, 물 600㎖ 정도를 넣고 끓인 뒤 잘 우려낸 후 마신다.

재료

황경피나무 열매 말린 것 10~15g, 물 600㎖

황경피나무
차가운 성질, 쓴맛

황벽 또는 황백, 황경나무라 한다. 키가 10m에 이르는 거목이며 가지가 굵고 껍질이 연한 회색이다. 특이한 것은 껍질 모양이 소나무 껍질처럼 깊이 패였다. 6~7월에 꽃이 피고 둥근 열매가 7월에 흑색으로 익는다. 열매는 둥글둥글하며 겨울철까지 매달려 있는 것이 많으며 5개의 종자가 들어 있다. 전남, 충북을 제외한 전국의 야산에서 자생한다.

🌱 운명까지 바꾸는 茶의 효능

茶를 즐겨 운명까지 바꿀 수 있다는 말을 누가 믿을까? 하지만 분명히 그럴 수 있다고 나는 자신한다.

체질 분석은 운명의 길흉화복을 판단하는 것과 같기에 흉한 운명을 사전에 예방할 수 있는 방편이 된다.

사람의 질병은 대부분 체질에 따라서 발생한다. 체질이 냉하고 습하면, 냉하고 습한 때를 만나서 병이 들고, 건조하고 열하면 건조하고 열한 때를 만나서 병이 든다.

때란 살아가면서 맞이하는 매년을 말한다. 평생 동안 필연적으로 맞이할 수밖에 없는 해마다 다른 천지기운, 즉 덥고 춥고 습하고 건조하고 바람이 많은 기후의 영향을 받아서 병이 들기도 하고 낫기도 하고 운명이 좋아지기도 하고 나빠지기도 하는 것이다.

그러므로 타고난 체질과 해마다 다가오는 천지기운이 서로 어떻게 변화를 일으키느냐에 따라서 질병과 운명이 좌우된다. 이를 보다 자세히 분리해서 질병에 대해 설명하면 다음과 같다.

예를 들면 간, 담은 오행으로 木이란 문자로 표시한다. 木은 봄을 대표하는 문자인데 간, 담의 기운이 봄과 코드가 맞다는 의미가 숨겨져 있다. 그러므로 간, 담이 허약해서 병든 사람은 봄 기운에 의해 간, 담이 저절로 치료되기도 한다. 그러나 간, 담이 크고 실한 사람은 봄바람에 의해 사기(邪氣)가 침범하고 간, 담이 치성해지면서 간, 담의 상대적 장부인 비, 위가 병들게 된다.

이처럼 일년 중 계절의 기후 조건에 따라서 오장육부가 병들기도 하고 낫기도 하는데, 이런 기후 조건이 해마다 강하게 작용하는 데 문제가 있다. 즉 어느 해는 너무 덥고 어느 해는 너무 춥고 어느 해는 너무 건조하고 어느 해는 너무 습한 기운이 번갈아 가면서 작용하기 때문에 그에 상승하는 장부가 병들게 된다는 사실이다. 따라서 타고난 체질을 알면 능히 어떤 질병도 예방할 수 있다.

그러면 운명은 무슨 연유로 예방하고 바꿀 수 있는가?

이에 대한 대답 역시 질병 치료처럼 간단하다. 눈으로 볼 수도 없고 손으로 잡을 수도 없는 운명이란 것이 신(神)의 조종에 의해 전개되는 것이 아니라 바로 자신의 오장육부에 이 기운들을 다시 오장육부에 배속시키면 오행으로 木의 천기(天氣)는 甲(갑), 乙(을)이고 지기(地氣)는 寅卯인데, 甲과 寅은 담(膽)에 속하고 乙(을)과 卯(묘)는 간(肝)에 속한다. 그러므로 간, 담 기능이 왕성한 사람이 壬癸亥子(임계해자)년과 甲乙寅卯(갑을인묘)년을 만나면 비, 위가 상하고 운명도 나빠진다. 이런 사람은 대개 폐, 대장과 비, 위가 허약하므로 뒤에서 분류해둔 폐, 장과 비, 위에 좋은 茶를 즐겨 마셔보자. 그러면 폐와 대장이 건강해져서 천지기운이 나의 모자라는 기운을 억압해도 능히 이를 극복해내므로 건강도 운명도 나빠지지 않는다. 특히 간, 담의 기능이 왕성한 사람은 성질이 급하고 스트레스를 잘 받는 속성이 있는데, 자신의 건강과 운명을 생각해서 너그러운 마음을 갖도록 노력해야 한다. 운명은 마음 씀씀이에 따라 전개되는 것이니 내 마음이 흉한 운명으로 가도록 움직이지 않으면 운명은 저절로 좋아진다.

그런데 간, 담의 기능이 왕성한 사람이 심장, 소장에 속하는 오행 중 火의 천지기운, 즉 丙(병), 丁(정), 巳(사), 午(오) 년과 비, 위에 속하는 오행 土의 천지기운 즉 戊(무), 己(기), 辰(진), 未(미), 戌(술), 丑

(축) 년은 대개 재물 복이 있다. 또한 비, 위도 병들지 않는다. 이런 사람은 土에 속하는 茶를 즐겨 마시되 다른 茶도 곁들이는 것이 좋다.

오행으로 火에 속하는 천지기운은 丙(병), 丁(정), 巳(사) 뱀띠 해, 午(오) 말띠 해인데 천기(天氣), 丙(병)과 지기(地氣) 巳(사)는 소장에 속하고 천기(天氣) 丁(정)과 지기(地氣) 午(오)는 심장에 속한다. 그러므로 심장과 소장의 기운이 왕성한 사람이 丙(병), 丁(정), 巳(사) 뱀띠 해 午(오) 말띠 해를 만나면 폐, 대장과 신장과 방광이 허약해지고 운명도 나빠진다. 심장과 소장은 열(熱)을 주관하므로 몸에 열이 많은 체질은 심장과 소장의 기능이 왕성한 사람이다. 이런 사람은 庚(경) 辛(신) 申(신)잔나비띠 해 酉(유) 닭띠해 壬(임) 癸(계) 子(자) 丑(축)소띠 해 辰(진)용띠 해 亥(해)돼지띠 해를 만나야 건강하고 운명도 좋아진다. 그러므로 폐, 대장, 신장, 방광에 약이 되는 茶를 즐겨 마셔야 흉한 운을 극복할 수 있다. 茶가 곧 약이 되니 다른 약처럼 시간에 구애받지 않고 마실 수 있으니 더없이 좋다. 그렇게 즐겨 마시다보면 폐, 대장, 신장, 방광이 저절로 건강해져서 타고난 나의 기운과 천지기운이 균형을 이뤄 흉이 복으로 변하는 것이다.

오행으로 土에 속하는 천지기운은 戊(무), 己(기), 辰(진), 未(미), 戌(술), 丑(축)인데 천기(天氣)인 戊(무), 己(기)년은 위(胃)의 기운이고 己(기)년은 비장의 기운이다. 지기(地氣) 중에서 辰(진)과 戌(술)은 위(胃)에 속하고 丑(축)년과 未(미)년은 비장에 속한다.

土氣는 사계절에 다 배속되므로 丑(축)은 냉(冷)한 기운이고 未(미)는 열한 기운이며 辰(진)은 습한 기운이고 戌(술)은 건조한 기운을 표시한 문자이다.

그러므로 비, 위가 크고 열이 많은 체질은 丑(축), 辰(진)년이 좋은데 戊(무), 己(기), 戌(술), 未(미)년과 丙(병), 丁(정), 午(오), 巳(사)년은 신장과 방광이 허약해지고 운명도 나빠진다. 그러나 甲(갑), 乙(을), 寅(인), 卯(묘), 壬(임), 癸(계), 亥(해), 子(자)년은 건강하고 운명도 해롭지 않다. 비, 위가 작고 허약한 사람은 오히려 火土의 기운을 만나야 건강해지고 운명도 상승한다.

따라서 비, 위가 크고 실한 사람은 木과 水에 속하는 茶를 즐겨 마시면 크고 실한 비, 위로 인해 상대적으로 허약해진 간, 담과 신장, 방광을 건강하게 만들어준다. 비, 위가 작고 허약한 사람은 火土에 속하는 茶를 마시면 비, 위가 건강해진다. 이렇게 천지기운과 나의 기운이 균형을 얻게 하면 흉한 운명을 능히 극복할 수 있다.

金은 폐, 대장의 기운을 표시한 문자인데 천기(天氣), 庚(경)과 지기(地氣), 申(신)년 잔나비띠는 대장에 상응하고 天氣(천기) 辛(신)과 地氣(지기), 酉(유) 닭띠는 폐에 상응한다. 폐, 대장이 크고 실한 사람은 대개 뼈가 굵고 가슴이 넓은데 戊(무), 己(기) 辰(진) 용띠 해와 戌(술) 개띠 해와 庚(경), 辛(신), 申(신) 잔나비띠 해와 酉(유) 닭띠 해를 만나면 폐, 대장의 상대적 장부인 간, 담이 허약해지고 운명도 나빠진다. 따라서 이런 체질은 간, 담에 좋은 木에 속하는 茶와 심장, 소장에 좋은 火에 속하는 茶를 즐겨 마시면 건강해지고 운명도 흉해지지 않는다. 반대로 폐, 대장이 작고 허약한 사람은 戊(무) 己(기)년과 辰(진) 용띠 해와 戌(술) 개띠 해와 庚(경) 辛(신) 申(신) 잔나비띠 해와 酉(유) 닭띠 해를 만나서 폐, 대장이 오히려 좋아지고 운명도 상승한다. 이런 체질은 土와 金에 속하는 茶를 즐겨 마시면 폐, 대장이 건강해질 뿐만 아니라 흉한 운을 만나도 운명이 곤두박질치지 않는다. 이는 다 천지기운과 자신이 가진 기운이 균형을 얻기 때문인데 균형을 잃으면 반드시 병들고 운명도 쇠락해지는 것이다.

水는 신장과 방광의 기운을 표시한 문자인데 天氣(천기), 壬(임)은 방광이고 癸(계)는 신장이며, 地氣(지기) 亥(해)는 방광이고 子(자)는 신장과 상응한다. 그러므로 신장 , 방광이 크고 실한 사람은 庚(경), 辛(신)년과 申(신) 잔나비띠 해와 酉(유) 닭띠 해, 그리고 壬(임), 癸(계)년과 亥(해) 돼지띠 해와 子(자) 쥐띠 해, 丑(축) 소띠 해, 辰(진) 용띠 해에 심장과 소장이 허약해지고 운명도 쇠퇴한다. 이런 체질은 몸이 냉한 것이 특징인데 甲(갑), 乙(을), 寅(인) 범띠 해와 卯(묘) 토끼띠 해와 巳(사) 뱀띠 해와 午(오) 말띠 해 그리고 未(미) 양띠 해와 戌(술) 개띠 해를 만나면 건강하고 운명도 상승한다.

 이런 까닭에 신장과 방광이 크고 실한 사람은 木과 火에 속하는 때를 만나야 좋은데 만나지 못하더라도 木火, 즉 간·담의 기운을 증진시키는 茶를 즐겨 마시면 천지기운에 능히 견뎌내서 운명과 건강을 함께 지킬 수 있다. 그러나 신장과 방광이 작고 허약한 사람은 金과 水, 즉 폐와 신장에 좋은 茶를 즐겨 마셔야 한다.

 아무튼 이러한 논리는 허약한 장부의 기운을 증강시키고 강한 장부의 기운을 눌러줌으로써 오장의 균형을 얻고 또 천지기운과 대응하게 돼 건강과 운명을 함께 얻는 법이다. 다만 운명과 건강이 일치하지 않은 체질이 있기는 하나 대개는 같다. 같지 않은 경우 먼저 건강을 다스린 다음 운명을 전개시키는 기운을 미리 알아서 모자라는 기운을 보태주고 넘치는 기운을 덜어주거나 억제해주면 된다. 이 모든 것은 茶 한 잔으로 다 치유할 수 있으니 바르게 茶를 마심이 얼마나 중요한가?

Part 2
질병별 분류 약차

6장 질병을 예방하고 치료하는 약차

- **고혈압에 좋은 茶**
  감국차   삼백초차   모란차

- **당뇨병에 좋은 茶**
  닭의장풀차   둥굴레차   황기차

- **피부병에 좋은 茶**
  개구리밥차   백선차   오이풀차

- **신경통에 좋은 茶**
  개산초차   개오동나무차   골담초차   구절초차   대추차

- **두통에 좋은 茶**
  끼무릇차   박하차   산국차

- **관절염에 좋은 茶**
  강활차   노루발풀차

- **위염, 위궤양에 좋은 茶**
  소태나무차   애기똥풀차

고혈압에 좋은 茶

고혈압은 말의 의미에서도 알 수 있듯이 저혈압의 반대 성질을 지닌다. 하지만 고(高)와 저(低)의 상반된 두 언어의 의미를 질병에서는 왜 같다고 할까? 의학적 상식으로는 도무지 이해가 가지 않는다. 그러나 저혈압이 곧 고혈압이라는 것은 저혈압이 고혈압으로 변하기 때문인데 그렇다고 저혈압이 없어지는 것은 결코 아니다.

저혈압은 심장이 허약해서 오는 현상이다. 손발이 저리거나 몸이 차고 허리, 어깨, 무릎 등이 아프거나 가끔 빈혈이 있는 것이 특징이다. 그 까닭은 심장은 혈(血)을 만들고 열(熱)을 주관하기 때문이다. 심장이 약하니 혈이 부족하고 순환이 잘 되지 않는다. 또 열이 낮아 몸이 찬 것이다. 그런데 어찌해서 고혈압으로 변하게 될까? 이유는 간단하다. 열(熱)이 약하면 어느 시기에 가서는 수승화강(水昇火降)이 되지 않는다. 말하자면 찬 기운이 아래로 내려가고 더운 기운이 머리로 올라가게 되는 것이다. 이때 대개 발에 허열이 나고 열이 머리로 솟구쳐서 소위 말하는 고혈압 증세가 나타난다. 그것은 마치 더운물의 수증기가 위로 올라가고 찬 것은 아래로 가라앉는 것과 같은 현상이다.

이렇게 화기(熱)가 위로 솟구치는 현상은 술을 먹어서 얼굴이 벌겋게 달아오르거나 성을 낼 때와도 같다. 심하면 열이 위로 한꺼번에 치밀어 올라 뒷목이 뻣뻣해지는데 이때 혈관이 터지면 쓰러져 죽거나 사지를 아예 못 쓰게 된다.

 그러므로 고혈압이 곧 저혈압이라는 말은 일맥상통한다. 또한 저혈압을 고쳐야지 고혈압만을 치료하면 근본적인 치료가 되지 않는다.

 일반적으로 고혈압 환자는 술을 먹어서는 안 된다고 생각한다. 인삼도 금해야 하고 맵고 짠 음식도 피해야 한다. 그러나 맵고 짠 것은 피하되 인삼이나 술은 조금씩 먹어서 점점 양을 늘려나가는 것이 좋다. 필자의 이 말에 펄쩍 뛸 사람도 많겠지만 천만의 말씀이다. 술과 인삼은 열을 주고 심장의 기운을 북돋워주는데 특히 인삼은 심혈을 보하는 명약이다. 다만 처음부터 많이 먹으면 열이 한꺼번에 치솟아 위험하므로 점차 양을 늘려나가는 것이 근본적인 치료 방법이다.

 이렇듯 고혈압을 치료하려면 오랜 시일이 필요하다. 꾸준히 심혈을 보해 열을 두텁게 해야 하므로 인내심을 갖고 다음과 같은 茶를 마셔보자.

모든 풍증과 어지러움 증에 좋은 감미로운 약재

감국

야국(野菊)
Chrysanthemum indicum L.

분포지 전국의 산과 들, 길가 · 초원

생육상 다년초(여러해살이풀)

꽃이 피는 시기 9~10월   꽃색 황색(노란색)

결실기 11월

다른 이름 들국화, 국화, 산국화, 야황국, 황국화, 감국화 등

감국차

효능

고혈에 효능이 좋으며 안질이 있을 때 茶로 마시면 특효하다. 현기증과 두통에 응용된다. 술이 깨지 않을 때 茶로 마시면 바로 깰 정도로 숙취효과에 탁월하다. 눈과 귀를 맑게 해주며 발열과 복통에 쓰인다. 또한 모든 풍증과 풍으로 생긴 어지럼증에 효과적이며 스트레스에 좋다. 감기에도 좋으며 피부가 거칠 때나 눈이 피로할 때, 심장 질환 등에도 효과적이다.

만드는 법

1. 감국을 따서 깨끗이 씻은 다음 그늘에서 말린다.
2. 말린 국화꽃을 3~5개 넣고 물 600㎖ 정도에서 우려낸 후 마시면 된다.

재료

말린 국화꽃 3~5개, 물 600㎖

감국
차가운 성질, 쓴맛과 매운맛

국화과의 다년초이며, 가지가 많이 갈라지고 하얀 털이 있다. 황국(黃菊)이라고도 하며 주로 산에서 자란다. 잎은 짙은 녹색이고 어긋나 있으며 잎자루가 달려 있다. 달걀 모양으로 보통 깃꼴로 갈라져 있고 끝이 뾰족하다. 9~10월에 황색 꽃이 피는 산이나 들에서 흔히 보는 약초이다. 제주, 정읍, 경남, 경북, 강원도 일대에서 많이 자생한다.

삼백초

백화(白花)

Saururus chinensis Baill.

분포지   전국의 습지대, 제주도 서남쪽의 바닷가

생육상   다년초(여러해살이풀)

꽃이 피는 시기   6~8월   꽃색   흰색

결실기   8~9월

다른 이름   백화, 백화연, 삼엽백초, 백설골, 백면골, 수목통 등

삼백초차

효능

고혈압에 좋으며 성인병에 탁월한 효능을 보인다. 항문 근처의 부스럼에 잎을 찧어 바르거나 茶를 마시면 효과가 있다. 축농증 치료에 쓰이며 치통에 생잎을 찧어 입에 물고 있으면 통증이 가라앉는다. 방광염에 대단히 좋다. 암을 예방하고 항암제로도 효능이 있다. 임질에 특효하며 음낭의 피부병에 茶를 마시고 즙을 바른다. 수분대사를 잘 시켜주고 피부에 탄력을 주며 월경불순, 냉대하, 자궁염, 자궁수탈증 등 포괄적인 여성 질환에 좋다.

만드는 법

1. 차관에 삼백초 6~15g, 물 600cc를 넣고 은근한 불로 달인다.
2. 물의 양이 절반으로 줄어들 때까지 달인다. 변비가 심할 때는 삼백초의 양을 늘린다. 하루에 4~5회로 나눠 마신다. 삼백초는 햇빛에 말리면 茶의 색이 좋지 않다.

재료

삼백초 6~15g, 물 600cc

삼백초

차가운 성질, 쓴맛과 매운맛

다년초로서 습지에서 많이 자라며 줄기는 희고 옆으로 벌어진다. 잎은 긴 타원형이며 연한 녹색을 띤다. 6~8월에 흰색 꽃이 피며 열매가 둥글다. 제주도 협제 부근의 습지에서 자생한다. 줄기는 높이가 50~100cm이다. 초여름에 잎이 파랗게 자라다가 꽃잎 3개가 하얗게 변했다가 다시 초록색으로 되돌아오는 특이한 식물로 강인하게 자라고 병충해가 없는 깨끗한 식물이다.

모란

목단(牧丹)

Paeonia suffruticosa Andr.

분포지 전국의 마을 부근

생육상 낙엽관목

꽃이 피는 시기 5월   꽃색 연한 홍색

결실기 9월

다른 이름 목단, 부귀화 등

모란차

효능
혈(血)의 열(熱)을 식혀주며 혈을 활성화해 어혈을 풀어준다. 코피를 멎게 해주며 진정, 진통, 두통, 복통 등에 두루 쓰인다. 특히 맹장염에 특효하다. 정혈 작용으로 월경불순에 효과적이며 위를 보하고 소염 작용을 하기 때문에 지혈에도 좋고 요통 치료에도 탁월하다.

만드는 법
1. 모란피를 깨끗이 씻은 다음에 말린다.
2. 잘게 썰어 꿀에 발라두었다가 600cc 정도의 물에 달여 마신다. 모란피의 복용량은 1일 3회에 걸쳐 4~12g을 사용하면 된다.

재료
말린 모란피 4~12g, 물 600cc

모란
약간 차가운 성질, 매운맛과 쓴맛

목단, 부귀화라 한다. 낙엽관목으로서 5월에 꽃이 피고 9월에 열매가 익는다. 요즘은 화훼용으로 개량된 여러 품종이 재배되고 있다. 모란은 꽃이 아름다워 관상용으로 가정에서 많이 심는다. 따뜻한 곳에서 잘 자라는 나무로 중부 및 남부 지방이 적합하다. 번식은 일반 파종법과 분주법 등으로 이루어진다. 150~180cm의 높이로 자라며 주로 장흥, 단양, 송추, 의성에서 많이 재배한다.

당뇨병에 좋은 茶

현대인들이 가장 많이 앓고 있는 질병 중의 하나다. 당뇨병은 대개 비장과 신장이 매우 냉할 때 혹은 몸속에 열이 많은 사람이 잘 앓는 특징이 있다. 그러므로 열이 많으면 신장, 방광에 좋은 茶를 많이 마시고 냉하면 심장, 소장에 좋은 茶를 많이 마시면 당뇨를 예방할 수 있다.

혈당과다 효과에 능통한 당뇨병 치료제

닭의장풀

벽선화(碧蟬花)

Commelia communis L.

분포지 전국의 산과 들, 집 부근 풀숲

생육상 한해살이풀

꽃이 피는 시기 7~8월   꽃색 하늘색, 남색

결실기 7월

다른 이름 형화충초, 벽선호, 닭의씨까비, 달개비, 취호정 등

닭의장풀차

효능

당뇨병에 효과가 좋다. 달개비 달인 물로 목욕하면 신경통에 효과가 있다. 여름에 더위를 먹었을 때 특효하며 뱀에 물렸을 때 잎을 찧어 붙이면 낫는다. 체했을 때 달인 茶를 마시면 낫는다. 봄에 어린잎을 나물로 먹기도 하고, 잎은 약재로 쓰기도 한다. 열을 내리고, 이뇨 작용을 하는 데도 효과가 있다. 잎의 생즙은 화상을 입었을 때 쓰인다.

만드는 법

1. 달개비풀 20g과 물 600cc 정도를 주전자에 넣고 함께 끓인다.
2. 잘 우려낸 뒤 마시면 된다. 장기간 복용할 때는 냉장고에 넣고 갈증이 날 때마다 복용한다. 편도선이 붓고 열이 아는 감기에 매우 좋다.

재료

달개비풀 20g, 물 600cc

닭의장풀
차가운 성질, 단맛

달개비, 압정초라 한다. 닭장 부근에서 잘 자란다고 하여 이런 이름이 붙었으며 꽃 모양도 닭의 머리를 좀 닮았다. 일년생 잡초이며 마디가 굵고 엽초에는 긴 털이 나 있다. 줄기에 마디가 있으며 이곳에서 뿌리가 나와 자리를 잡는다. 잎은 어긋나 있고 꽃은 7~8월에 하늘색으로 핀다. 15~50cm 높이로 자라며 전국의 마을과 밭에서 자생한다.

지친 기력에 활기를 불어넣는 심신 보강제
황기

황기(黃耆)
Astragalus membranaceus Bunge

분포지 울릉도 및 중부·북부 지역의 고산지대
생육상 다년초(여러해살이풀)
꽃이 피는 시기 7~8월   꽃색 황색(노란색), 연한 노란색
결실기 9~10월
다른 이름 기초, 단너삼 등

황기차

효능

당뇨병에 효과가 좋다. 식은땀을 많이 흘릴 때 땀을 멎게 한다. 땀을 멈추게 하는 데는 황기보다 더 좋은 것이 없다. 폐결핵에는 찹쌀과 마늘을 함께 달여 먹으면 효과가 좋다. 심신이 피로하고 중풍으로 수족이 부자유스러울 때 약으로 쓰인다. 종기가 나서 고름이 나오고 통증이 있을 때 매우 좋다. 허약한 비, 위를 돕는다. 강심작용을 하며 심장의 수축 작용과 중독성을 없애고 과로로 인하여 지친 심장을 강하게 해주는 성분이 들어 있다. 전신의 말초신경을 확장시키고 피부의 혈액순환을 왕성하게 하며 이뇨 작용을 한다.

만드는 법

1. 굵고 통통한 황기를 골라서 잔뿌리와 머리는 잘라내고 몸통만 잘게 썬다. 2. 황기 70g을 물 2ℓ에 넣고서 15분 정도 끓인다. 3. 오미자 10알, 계피 4g을 넣어서 먹으면 효과가 더 좋고 맛 또한 일품이다.

재료

황기 70g, 물 2ℓ, 오미자 10알, 계피 4g

황기
따뜻한 성질, 단맛

다년초로서 줄기 전체에 잔털이 있다. 잎이 작고 타원형을 띠며 7~8월에 황색 꽃이 핀다. 가을에 캐서 흙을 깨끗이 제거하고 윗부분은 잘라버리고 뿌리만 말린 것인데 차 재료로 쓸 때는 몸통만 잘게 썰어서 사용한다. 맛은 단맛이 나고 기운은 약간 더운 약재이다. 울릉도와 강원도에서 야생하고 정선, 제천, 단양, 삼척, 인제, 영월, 양평에서 많이 재배한다.

피부병에 좋은 茶

요즘 아토피성 피부병은 어른, 아이 할 것 없이 많이 앓고 있는 질병 중 하나다. 대략 200만 명이나 된다고 하는데 환경오염이 심할수록 환자는 더 늘어날 것으로 예측된다. 아토피라는 말은 모른다는 뜻이 포함되어 있는데 이 말은 고대 희랍어에서 나왔다. 과거에는 원인을 몰라서 불치병으로 치부됐으며 진물이 나오거나 가려운 증세를 가라앉히는 치료만이 가능했다. 그러나 동양의학에서는 그리 어려운 병으로 보지 않는다. 서양의학은 장부의 강약 허실을 진단하지 못하지만 동양의학은 정확히 그 원인을 찾아내 치료했기 때문이다.

아토피의 원인은 거의가 신장과 폐가 허약한 데에 있다. 폐는 피부를 주관하기 때문에 폐가 허약하면 피부가 약하고 피부가 약하게 되면 각종 오염에 쉽게 노출돼 아토피를 앓게 된다.

그러므로 신장과 폐를 건강하게 하면 자연히 치료가 된다. 신장과 폐를 건강하게 하는 데는 복분자, 산수유, 숙지황, 택사, 백복령, 목단피, 산약, 상백피, 도라지, 더덕 등이 있다. 이것들을 함께 달여서 茶로 꾸준히 마시면 효과가 대단히 좋다. 그 외 각종 피부병에 쓰이는 초목은 다음과 같다.

피부병 치료와 탈모 치료에 좋은 치료제

개구리밥

부평초(浮萍草)

Spirodela polyrhiza Schleider

분포지 전국의 들녘이나 논두렁, 연못 등의 물 위

생육상 다년초(여러해살이풀)

꽃이 피는 시기 7~8월 꽃색 흰색

결실기 10월

다른 이름 다근부평, 평초, 부평초, 자배부평, 자평, 수평 등

개구리밥차

효능
약성이 폐에 들어가서 피부병 치료에 효능이 있다. 몸에 열이 많을 때 열을 내려주는 데 탁월한 효능을 보인다. 무엇보다 소변이 잘 나오지 않을 때 좋으며 이뇨 작용에 매우 효과적이다. 강장을 해독해주는 역할을 한다. 탈모 예방에 효과가 좋아 모발을 튼튼하게 해주는 장점이 있다. 단, 땀이 많고 몸이 약한 사람은 복용을 피한다. 또한 풍기를 없애는 작용을 하지만 허한 풍증의 통증에는 쓸 수 없다.

만드는 법
1. 뿌리를 말려서 잘게 썰어 놓는다.
2. 잘 말린 개구리밥 15~20g 정도를 물 500cc에 끓인다. 잘 우려 낸 후 마신다.

재료
개구리밥 말린 것 15~20g, 물 500cc

개구리밥
차가운 성질, 매운맛

다년초로서 논이나 연못의 물 위에 떠서 사는 흔한 식물이다. 뿌리 길이가 3~5cm 정도 되고 잎이 많은 데 비해 크기가 매우 작으며 7~8월에 흰 꽃이 핀다. 전국의 논이나 연못, 물 위에서 자생한다. 요즘은 도시보다는 시골에서 많이 볼 수 있으며 개구리밥 사이에 눈만 빼꼼히 내놓은 개구리들을 볼 수 있다.

백선

백선(白鮮)

Dictamnus albus L.

분포지   전국의 산기슭이나 산과 들, 그늘지고 습기 있는 초원

생육상   다년초(여러해살이풀)

꽃이 피는 시기 5~6월   꽃색 연산 홍색, 연한 붉은색

결실기 8월

다른 이름 자라풀, 자래초, 검화뿌리, 백양선 등

백선차

효능

피부병에 효능이 좋으며 신경통, 류머티즘에 약으로 쓰인다. 산모의 산후 복통에 효과가 있으며 황달에 매우 탁월한 효능을 보인다. 해열 작용이 있어 발열이 있을 때 사용되며, 살균소독 작용에도 효험이 있다. 옴, 악창, 습진, 두드러기 등에도 좋으며 이뇨 작용이 있어 소변을 시원하게 볼 수 있도록 도와준다. 또한 풍습으로 인한 저림증이나 통증을 스리는 효과도 있다.

만드는 법

1. 뿌리를 말려서 달이거나 쪄서 가루를 낸다.
2. 말린 백선 뿌리 20g, 물 600cc 정도를 넣고 잘 우려낸 후 마신다.

재료

백선 뿌리 말린 것 20g, 물 600cc

백선
차가운 성질, 쓴맛

다년초로서 뿌리가 굵고 원줄기는 곧게 자라며 높이가 90cm 정도 된다. 잎사귀는 타원형이고 양끝이 좁으며 가장자리에 톱니가 있다. 5~6월에 연한 홍색 꽃이 핀다. 잎은 깃꼴겹잎으로서 마주나 있으며 2~4쌍의 작은 잎으로 구성되며 중축에 좁은 날개가 있다. 작은 잎은 달걀 모양이거나 타원형이고 길이 2.5~5cm, 너비 1~2cm이다. 가장자리에 잔 톱니와 유점(油點 : 반투명한 작은 점)이 있다.

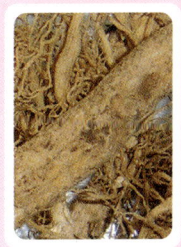

지혈, 항균 작용에 좋은 치료제

오이풀차

지유(地楡)

Sanguisorba officinalis L.

분포지 전국의 산
생육상 다년초(여러해살이풀)
꽃이 피는 시기 7~9월   꽃색 검은 혈적색
결실기 9~10월
다른 이름 지유초, 지우초, 수박풀 등

오이풀차

효능

피부병 중에서 피부염증, 습진에 효과가 좋다. 화상(火傷)을 입었을 때 茶로 마시고 달인 물을 바르면 효과가 탁월하다. 지혈 작용이 탁월하여 토혈, 객혈, 하혈에 효과가 좋다. 월경과다에도 약으로 쓰인다. 뿐만 아니라 설사를 심하게 하거나 대변에 혈이 묻어나올 때 도와주는 역할을 한다.

만드는 법

1. 뿌리를 말려서 달이거나 쪄서 가루를 낸다.
2. 잘 말린 오이풀 20g, 물 500㎖ 정도를 넣고 우려낸 뒤 마신다.

재료

잘 말린 오이풀 20g, 물 500㎖

오이풀
약간 차가운 성질, 쓴맛

나년초로시 30~150cm 정도 자란다. 원줄기는 곧고 윗부분이 갈라지며 7~9월에 검은 혈적색 꽃이 핀다. 오이풀은 등신하다가 입이 마르거나 목마름 증상이 있을 때 잎을 뜯어 자작자작 씹으면 오이 맛이 입 안 가득히 퍼져 상쾌함을 느낀다. 전국의 산에서 많이 자생한다.

신경통에 좋은 茶

나이가 들면 신경통을 많이 앓는다. 대개 신장이 허약해지고 폐가 혈을 잘 운반하지 못해서 앓는 경우가 많다. 팔다리가 쑤시면 2~3일 뒤에 비가 내리는데 이는 습한 기운이 침범하기 때문이다.

신경통, 감기 몸살에 탁월한 약재

개산초

개산초
Zanthoxylum planispinum S. et. Z.

분포지 제주도, 한라산 및 지리산을 중심으로 한 남부지방

생육상 상록관목

꽃이 피는 시기 6월   **꽃색** 붉은색

결실기 9월

다른 이름 종피나무, 사철초피나무, 에제피나무, 겨울살이 등

개산초차

효능

신경통에 탁월하며 감기 몸살에 걸렸을 때 효능을 보인다. 위통과 치통에 탁월한 효과를 발휘한다.

만드는 법

1. 가지를 말려서 달이거나 쪄서 가루를 낸다.
2. 개산초 말린 것 15~20g, 물 600cc를 넣고 잘 끓인 뒤 우려낸 후 마신다.

재료

개산초 말린 것 15~20g, 물 600cc

개산초
따뜻한 성질, 매운맛

상록관목이며 키가 4m쯤 된다. 잎이 날개 모양처럼 생겼다. 꽃은 6월에 피고 가지는 붉은 빛이 돌며 9월에 열매를 맺으며 송사는 김디. 한라산, 지리산을 중심으로 남부 지방에서 많이 자생한다. 산허리나 골짜기에서 자란다. 턱잎이 변한 납작한 가시가 있다. 잎은 어긋나 있고 작은 잎은 3~7개이며, 달걀 모양의 바소꼴로 끝이 뾰족하다. 한국, 일본, 타이완, 중국 등지에서 두루 분포한다.

부작용이 없어 널리 사용되는 치료제

개오동나무

개오동나무

Catalpa ovata G. Don.

분포지 전국의 각 산과 밭

생육상 낙엽교목

꽃이 피는 시기 6월 꽃색 황백색

결실기 9~10월

다른 이름 노나무, 노끈나무, 재백목 등

개오동나무차

효능

신경통에 효능이 탁월하며 두통에 효과가 있다. 감기에 좋다. 위궤양, 위암에 효능이 있다. 체했을 때 잘 내려준다. 이뇨제로 쓰이며 부작용이 없어 널리 이용되는 약재다. 또한 부종이나 신장기능 장애 및 혈압 조정에 이용된다. 간암, 간경화, 백혈병 등에 두루 쓰이는 약재이며 무좀에 탁월한 효과를 보인다.

만드는 법

1. 가지 껍질을 말려서 달이거나 쪄서 가루를 낸다.
2. 말린 개오동나무 껍질 15~30g 정도와 물 700cc를 넣고 끓인다. 잘 우려낸 뒤 식혀서 마신다.

재료

말린 개오동나무 껍질 15~30g 정도, 물 700cc

개오동나무
차가운 성질, 쓴맛

민간에서는 흔히 노나무라고 한다. 낙엽교목으로 아래 가지가 퍼지고 간혹 잔털이 난다. 잎은 녹색이면서 자줏빛이 돌고 6월에 황백색의 꽃이 피며 안쪽 양면에 자주색 점이 있다. 잎은 광난형(廣卵形)이며, 밑부분은 심장 모양을 하고 있다. 과실은 삭과(蒴果)이고, 모양이 긴 팔을 연상케 하는데 길이는 최대 30cm 내외에 이르고 한 개의 과병(果柄)에 여러 개가 달려 하수(下垂)되어 있다.

지끈지끈 아픈 두통 치료에 효과적인 특효제
골담초

골담초
Caragana sinica Rehder

분포지 전국의 시골 마을, 중국 원산, 경북 및 중부지역의 산지
생육상 낙엽관목
꽃이 피는 시기 5월 **꽃색** 황적색, 노란 빛이 도는 붉은색
결실기 9월
다른 이름 금작화, 금작목 등

골담초차

효능

신경통에 좋으며 특히 류머티즘에 효능이 있다. 꽃은 대하증이나 요통, 귀울림 등에 탁월한 효과를 보인다. 편두통이나 설사, 강장 작용, 알코올 중독 등에 좋다. 골절, 각통 등에 널리 이용되며 타박 상이나 치통에도 뛰어나다. 고혈압 환자는 오랜 기간 복용하면 혈 압이 내려가는 증상을 볼 수 있다.

만드는 법

1. 뿌리와 줄기를 말려서 달이거나 쪄서 가루를 낸다.
2. 말린 골담초 12~15g, 물 600cc 정도를 넣고 끓인 뒤 마신다.

재료

말린 골담초 12~15g 정도, 물 600cc

골담초
약간 찬 성질, 단맛

낙엽관목이며 높이가 2m쯤 된다. 가지는 사방으로 비스듬히 퍼 져나가고 잎은 타원형이다. 5월에 꽃이 피며 9월에 열매가 익 는다. 줄기는 회갈색으로 가시가 뭉쳐져 나 있으며 5개의 능선 이 있다. 잎은 어긋나 있고 작은 잎은 4개로 타원형이다. 꽃받 침은 종 모양으로 위쪽 절반은 황적색이고 아래쪽 절반은 연한 노란색이다. 관상용으로 정원에 흔히 심는다. 전국의 시골 마을 부근에서 자생한다.

부인병 치료에 좋은 어머니 품속 같은 특효제

구절초

구절초

Chrysanthemum zawadskii Herbich var. latilobom (Maxim.) Kitamura

분포지 전국 각지의 산과 들, 초원이나 산기슭

생육상 다년초(여러해살이풀)

꽃이 피는 시기 9~10월 **꽃색** 흰색, 연분홍색, 연자주색

결실기 10~11월

다른 이름 들국화, 청다구이, 선모초, 고봉, 고호, 국화 등

구절초차

효능

신경통에 좋으며 위를 건강하게 해준다. 손발이 차거나 심한 냉증에 탁월한 효능을 보인다. 소화불량이나 위가 냉한 증상, 소화촉진 등에 효험이 있다. 특히 여성들에게 좋아 부인병 치료에 주로 쓰이며 월경불순에 탁월하다.

만드는 법

1. 소금을 넣어 펄펄 끓는 물에 꽃잎을 아주 살짝 데친 다음 소쿠리에 건져 냉수로 재빨리 헹구고 물기를 뺀 뒤 소쿠리나 채반에 널어 그늘에서 잘 말리면 된다.
2. 국화꽃 5~6개 정도를 물 600cc 정도에 넣고 끓인 후 마시면 된다.

재료

잘 말린 국화꽃 5~6개, 물 600cc

구절초
따뜻한 성질, 쓴맛

선모초라 부르며 예로부터 민간약으로 많이 쓰였다. 높이가 50cm 정도 되고 꽃은 백색이며 간혹 꽃잎이 붉은 빛이 노는 게 더러 있다. 구절초는 늦가을 찬 서리를 맞으면서 꽃을 피우기 때문에 보는 이들이 더욱 애잔한 느낌을 갖는다. 금정산, 백양산, 지리산, 천성산, 영취산, 천황산, 팔공산, 금오산, 덕유산 등지에서 많이 자생한다.

심신을 이완시켜 주는 탁월한 자양강장제

대추나무

대추

Zizyphus jujuba Mill · var · inermis Rehder

분포지 전국의 마을 부근

생육상 낙엽관목

꽃이 피는 시기 6월 **꽃색** 연한 황록색

결실기 9~10월

다른 이름 갈매나무

대추차

효능

신경통에 효능이 좋다. 감기 몸살에 민간약으로 쓰이며 부인의 냉증에 효과적이다. 몸을 따뜻하게 해줄 뿐만 아니라 소화를 도우며 강장제로 쓰인다. 씨는 축농증에 좋다. 마음을 안정시켜 스트레스를 많이 받는 사람에게 효과적이며, 내장기능을 강화시켜주며 호흡기를 튼튼하게 해준다. 또한 이뇨작용을 촉진시켜 다이어트에 효과적이며 중국에서는 불로장생의 하나로 대추를 먹어왔다는 말이 있을 정도로 건강식으로 쓰여왔다.

만드는 법

1. 가을 햇볕에 대추를 잘 말린다.
2. 말린 대추 10~16개를 생강 20g과 물 800㎖에 넣고 은근하게 오랫동안 끓인다. 그 뒤 끓인 물에 꿀을 약간 타서 하루에 2~3회 복용한다.

재료

말린 대추 10~16개, 생강 20g, 물 800㎖ , 꿀 약간

대추차
따뜻한 성질, 단맛

대추는 제사상에 필수적으로 오르는 낙엽관목의 열매다. 연둣빛으로 여름을 나다가 5~6월경에 꽃이 피고 9~10월에 저갈색으로 열매가 익는다. 빨갛게 익으면 단맛이 있다. 과실은 생식할 뿐 아니라 채취한 후 푹 말려 건과(乾果)로서 과자, 요리 및 약용으로 쓰인다. 대추는 날 것으로 먹거나 말려서 먹기도 하지만 차나 술로도 이용되며, 대추식초, 대추죽 등으로도 널리 활용한다.

두통에 좋은 茶

두통은 대개 과음을 했거나 과도하게 신경을 썼을 때 혹은 감기 등에 의해 일시적으로 오는 경우가 있으며 종류로는 만성 편두통이나 전두통 등이 있다. 만성인 경우 대개 심상이나 비장이 허약했을 때 오는 경우가 많은데 茶를 꾸준히 오래 마셔야 나을 수 있으므로 인내심이 필요하다.

끼무릇

끼무릇

Pinellia ternata Breitenbach

분포지 전국의 시골 마을의 밭

생육상 다년초(여러해살이풀)

꽃이 피는 시기 4~5월   **꽃색** 노란 빛을 띤 흰색

결실기 9~10월

다른 이름 밭풀이, 반하, 소천남성, 법반하 등

끼무릇차

효능

담궐 두통에 효과가 좋으며 비, 위를 건강하게 해준다. 오심, 구토 증상에 효과가 매우 좋다. 거담작용이 탁월하며 진해 작용이 있다. 단, 어린이는 생식기 발육을 방해하므로 먹지 않는 것이 좋다.

주의 : 독성이 강하여 날 것으로 먹으면 죽을수도 있으므로 반드시 생강을 함께 넣고 30분 이상 끓여서 먹어야 한다.

만드는 법

1. 둥근 뿌리를 말려서 달이거나 쪄서 가루를 낸다.
2. 끼무릇 말린 것 6~15g, 물 700㎖ 정도를 넣고 끓인 뒤 마신다.

재료

끼무릇 말린 것 6~15g, 물 700㎖

끼무릇
따뜻한 성질, 매운맛

밭풀이라는 다년초이며 한약제로는 반하라 부른다. 땅속에 지름 1cm 정도 되는 줄기가 있고 1~2개 잎이 나온다. 잎은 10~20cm 정도 밑부분에서 자라며 작은 잎은 가장자리가 밋밋한 것이 특징이다. 꽃 색깔은 노란 빛을 띤 흰색이다. 전국의 시골 밭에서 잡초와 같이 야생한다. 서산, 장수 지방에서 많이 재배한다.

향기의 묘미로 두통, 진통 작용에 좋은 약재

박하

박하

Mentha arvensis L. var. piperascens Malinvaud

분포지 전국의 산과 들, 길가의 습기 있는 풀밭

생육상 다년초(여러해살이풀)

꽃이 피는 시기 7~9월 **꽃색** 옅은 보라색의 작은 꽃

결실기 9월

다른 이름 인단초, 구박하, 야식향, 번하채 등

박하차

효능

머리가 자주 아파 평소 두통을 호소하는 사람들에게 탁월한 역할을 해준다. 열이 많이 날 때 해열제처럼 치료도 해주며 결핵 치료에 특히 좋다. 어린아이가 경기를 일으켰을 때 효능이 있으며 풍을 예방한다. 류머티즘성관절염과 신경통에 고약을 만들어 붙이면 효과가 있다. 또한 입냄새 제거에 좋아 구취 제거에 많이 사용되고 있다. 뿐만 아니라 위장병 치료에 효과가 뛰어나 위장약으로 사용하고 있다. 가려움증이나 진통 작용, 벌 물린 데에 박하잎을 찧어서 붙이면 효과를 볼 수 있다.

만드는 법

1. 박하잎을 물에다 깨끗이 씻어 용기에 넣고 물을 부어 끓인다.
2. 물이 끓기 시작하면 불을 줄여 오랫동안 푹 끓인 다음 찌꺼기는 체로 걸러내고 입맛에 따라 꿀이나 설탕을 타서 마신다.

재료

말린 박하잎 30g, 물 600cc, 꿀 또는 설탕

박하
서늘한 성질, 매운맛

꿀풀과의 박하는 나년초로 줄기아 잎에 털이 조금 있다. 7~8월에 연한 자주색 꽃이 꽃받침보다 짧게 핀다. 박하에는 서양종과 동양종이 있는데, 서양종은 페퍼민트, 스피어민트, 페니로열민트로 나뉜다. 키는 60~100m이며 줄기는 단면은 사각형이며 잎은 홑잎으로 마주나며 가장자리에 톱니가 있다. 요즘에는 사탕뿐만 아니라 치약, 잼, 화장품, 담배 등에도 박하가 많이 이용되고 있다.

환상적인 향기 만큼 진정, 해독 작용이 뛰어난 치료제

산국

산국

Chrysanthemum boreale Makino

분포지 전국의 산과 들

생육상 다년초(여러해살이풀)

꽃이 피는 시기 9~10월 꽃색 황색(노란색)

결실기 10~11월

다른 이름 들국, 개국화 등

산국차

효능

두통을 없애주며 머리가 어지러울 때 효능이 있다. 감기가 심하게 걸렸을 때 탁월한 효능을 보이며 피로가 누적되어 몸살기가 있을 때도 효과가 있다. 또한 진정, 해독 작용이 있으며 어린순은 나물로 무쳐 먹기도 한다. 그러나 약간의 독성이 있으니 주의가 필요하다.

만드는 법

1. 소금을 조금 넣고 깨끗하게 씻어 찜통에서 산국을 1분 간 찐다.(산국을 찌는 것은 향이 강하므로 은은하게 만들기 위한 것이다.)
2. 그늘에서 말린 뒤 밀폐용기에서 보관한다.
3. 말린 산국 3~5송이를 넣고 1분 간 우려낸 뒤 마신다.

재료

말린 산국 3~5송이, 물 2ℓ 정도

산국

평이한 성질, 쓴맛

들국이라 부르는 나년초이다. 가지에 흰 털이 많고 주로 9~10월경에 황색 꽃이 핀다. 전국의 산야에서 많이 자생한다. 산지에서 많이 자라며 높이는 1m이다. 뿌리줄기는 길게 뻗어 있고 줄기는 모여서 나며 곧게 자라는 것이 특징이다. 뿌리에 달린 잎은 꽃이 필 때 마른다. 줄기에 달린 잎은 어긋나고 긴 타원형의 달걀 모양이다. 관상용으로 집에서 많이 심는다.

관절염에 좋은 茶

나이가 들면 대체적으로 관절이 약해져 관절염을 앓는 사람이 많다. 관절이 쑤시고 아프면 2~3일 뒤에 틀림없이 비가 내린다는 말이 있는데 기상대보다 더 정확한 이런 현상은 비가 내리기 전에 몸속에 습한 기운이 먼저 돌아 혈액순환을 방해해 더 큰 통증을 유발히기 때문이다. 관절에 세균이 침범해 염증을 일으킨 데다 습한 기운이 침범하면 염증에서 열이 나고 통증이 더 심해진다. 그러므로 평소 관절 운동을 부지런히 하고 꾸준히 茶를 마시면 좋은 효과를 볼 수 있다.

풍습으로 인한 관절 치료 개선제
강활

강활
Angelica koreana Maxim.

분포지 산골짜기 계곡(팔공산, 오대산, 점봉산, 지리산 등)

생육상 다년초(여러해살이풀)

꽃이 피는 시기 8~9월 **꽃색** 흰색

결실기 10월

다른 이름 강호리

강활차

효능

관절통, 신경통에 효과가 좋다. 감기 몸살에도 좋으며 오랜 중풍도 茶를 마시면 효능이 있을 만큼 풍을 몰아내는 데 효험이 있다. 습한 기운을 이겨내며 땀내기약, 거품약, 거습약으로 악성 감기나 두통, 고혈압 등에도 탁월한 효능을 보인다.

만드는 법

1. 뿌리를 삶거나 쪄서 가루를 낸다.
2. 말린 강활 8~12g을 물 200㎖에 넣고 끓인 뒤 마신다.

재료

강활 8~12g, 물 200㎖

강활

따뜻한 성질, 매운맛과 쓴맛

미나리과의 숙근조로서 키기 2m 전두 되다, 멧미나리와 비슷하나 윗부분에서 가지가 갈라지고 잎 끝이 뾰족하다. 8~9월에는 흰 꽃이 피고 열매는 타원형이며 날개가 있다. 중국의 북동부 등지에서 자생하며 우리나라의 경우 팔공산, 오대산, 점봉산, 계방산, 지리산, 운천, 홍천 등지에서 많이 재배한다.

허약한 신장을 튼튼히 해주며 지혈 효과가 좋은 약재

노루발풀

노루발풀
Pyrola japonica Klenze ex DC.

분포지 전국 산지의 그늘

생육상 상록다년초

꽃이 피는 시기 6~7월   꽃색 노란색을 띤 흰색

결실기 9월

다른 이름 사슴풀, 파혈단, 동록 등

노루발풀차

효능

관절통을 치료하는 약재이다. 허약한 신장을 튼튼하게 만들어준다. 피를 토하거나 코피가 멎지 않을 때 지혈 효과가 있다. 월경과다에 효능을 보일 뿐만 아니라 풍과 습한 기운을 제거해준다. 꽃이 필 때 전초를 채취하여 달임약, 환 등으로 활용한다. 강장, 보신, 이습, 진통, 진정 등의 효능이 있어 과다한 성교로 인한 요통이나 발기력 부족에 쓰인다. 잘 놀라거나 가슴 두근거림에도 좋으며 고혈압, 요도염, 타박상, 음낭이 습할 때에도 쓴다.

만드는 법

1. 잎과 줄기를 함께 말려서 달이거나 쪄서 가루낸다.
2. 말린 노루발풀 4~8g, 물 600㎖ 정도를 넣고 기호에 따라 설탕이나 꿀을 넣어 마신다.

재료

말린 노루발풀 4~8g, 물 600㎖, 설탕이나 꿀

노루발풀
온화한 성질, 쓴맛

상록다년초로서 줄기가 길게 옆으로 뻗는다. 일명 사슴풀이라고도 불린다. 사철 푸른 잎을 가졌으며 6~7월에 노란 빛을 띤 흰색 꽃이 핀다. 잎은 밑부분에서 자라나며 원형 또는 타원형이며 자줏빛이 돈다. 한라산, 지리산, 덕유산, 천성산, 천황산, 영취산, 금정산, 팔공산, 울릉도에서 많이 자생한다.

위염, 위궤양에 좋은 茶

위염은 속이 너무 냉해 하혈이 있을 때 잘 생기고 위궤양은 속열이 많을 때 쉽게 생기는 질병이다. 위는 본래 너무 냉해도 안 좋고 속열이 너무 많으면 더더욱 위험하다. 본래 습해야 좋으며 냉하고 열하면 제 기능을 하지 못한다.

그러나 무엇보다도 정신적인 문제에 위는 많은 영향을 받는다. 근심 걱정이 많거나 성질이 급하고 성을 자주 내면 위에 염증이 생기고 궤양으로 진화돼 위암까지 생길 수 있다. 그러므로 항상 낙천적인 마음을 가질 때 위는 쉽게 병들지 않는다. 그러나 현대인들의 삶이 성인군자가 아니고서야 근심 걱정 안하고 성 안내고 서둘지 않을 수 없으니 어찌할 도리가 없는 것이 아닌가.

그러나 불행 중 다행인 것은 위를 건강하게 해주고 또 치료도 해주는 초목이 우리들 가까이에 있으니 걱정할 것이 없다.

많은 사람들이 위염이나 위궤양에 곧잘 항생제를 사용하는데 나중에는 어떤 약도 듣지 않을 만큼 면역력이 결핍된다. 항생제가 빠르게 염증을 없애고 궤양을 낫게 하지만 근본적인 치료가 되지 않아서 언제든 재발할 위험성이 있다. 또 나중에는 아예 약효마저 없어지니 남용은 금물이다. 그러므로 늦게 낫더라도 자연이 주는 혜택을 고마운 마음으로 누리도록 하자.

쓴맛 속에 숨겨진 위염 치료제

소태나무

소태나무

Picrasma quassioides Bennett

분포지 전국의 산 중턱이나 산골짜기
생육상 낙엽소교목
꽃이 피는 시기 6월   꽃색 녹색
결실기 9~11월
다른 이름 고목

소태나무차

효능

위염에 대단히 좋으며 식욕을 돋워주는 데 효능이 있다. 위를 건강하게 해주며 소화불량에 민간약으로 쓰인다. 열매는 치질 치료에 쓰인다. 단 독성이 있으므로 임산부는 복용해서는 안 된다. 또 그 성질이 매우 쓰기 때문에 많이 마시기 어렵지만 황색 설탕을 많이 타서 조금씩 음미해 마시면 효과를 볼 수 있다. 소화를 돕고 습열(濕熱)을 제거해주며 지통(止痛), 피부습진 지료에 효능이 있다. 씨는 기름을 내어서 머리에 바르면 버짐 치료에 좋다. 단 독성이 있으므로 임산부는 복용하지 않는다.

만드는 법

1. 가지를 말려서 달이거나 쪄서 가루를 낸다.
2. 잘 말린 소태나무 뿌리껍질 6~10g, 물 600mℓ 정도에서 우려낸 뒤 마신다.

재료

말린 소태나무 뿌리껍질 6~10g, 물 600mℓ

소태나무
매우 쓴맛

낙엽소교목으로서 적갈색 가지에 황색 피목이 산재해 있다. 잎 가장자리에 톱니가 있고 6월에 녹색 꽃이 핀다. 가지는 흔히 층층나무처럼 층을 이루는 경향이 있으며, 잎은 작은 달걀모양으로 한 대궁에 12~13개씩 붙어 있고, 암수 딴 나무로서 수컷은 뿌리가 적색으로 독이 있다. 암컷은 뿌리가 희며 주로 약으로 쓰며, 전국의 산 중턱이나 산골짜기에서 많이 자생한다.

작고 귀엽지만 생명력을 지닌 유용한 약초

애기똥풀

애기똥풀차

Chelidonium majus var. asiatium (Hara) Ohwi

분포지 전국의 산과 들, 길가나 풀숲

생육상 두해살이풀

꽃이 피는 시기 5~6월   **꽃색** 황색(노란색)

결실기 7월

다른 이름 까치다리, 가황연, 젖풀, 아기똥풀산황연, 우금화 등

애기똥풀차

효능

위궤양을 치료하는 약효가 있으며 해열하고 해독한다. 부스럼에 효과가 좋다(잎을 삶은 물로 목욕하고 茶를 마신다). 임질, 매독에 좋으며 악창에 효능이 뛰어나다. 벌레 물린 데 바르면 낫는다. 토혈에 응용되며 이질이나 황달형간염, 피부궤양, 결핵, 옴, 버짐 등에 사용된다. 양귀비와 비슷한 작용을 해 평활근의 경련을 풀어주면서 위장관의 통증을 가라앉혀주며 항균 작용을 한다. 설사나 장염 치료에 효과적이다.

만드는 법

1. 잎과 가지를 함께 잘라 말린 뒤 달이거나 쪄서 가루를 낸다.
2. 애기똥풀 말린 것 6~20g, 물 600㎖ 정도를 넣고 우려낸 뒤 마신다.

재료

애기똥풀 말린 것 6~20g, 물 600㎖

애기똥 풀
따뜻한 성질, 쓴맛과 매운맛

젖풀, 까치다리, 버짐풀, 백굴채라고 하는 월년초(2년초)이다. 원줄기가 땅속 깊이 내려가고 키가 80cm까지 자라는 데 색깔이 희다. 잎은 끝이 둥글고 뒷면은 흰색이며 5~6월에 황색 꽃이 핀다. 뿌리가 곧으며 땅속 깊이 들어가 있고 귤색을 띤다. 줄기는 가지가 많이 갈라지고 속이 비어 있다. 열매는 삭과이고 좁은 원기둥 모양이며 길이가 3~4cm이다.

7장 암을 예방하고 억제하는 茶

암은 근본적으로 장부의 어느 한 부분이 너무 허약하거나 혹은 너무 크고 강해서 생기는 병이다. 따라서 허약한 장부는 보양해주고 크고 강한 장부는 설기(泄氣)시키거나 그 기운을 눌러주어야 예방할 수 있다. 대개 위암은 속열이 많거나 간 기능이 너무 강해 앓기 쉽고 폐암은 심장이 너무 강하거나 폐가 너무 강하면 발생 빈도가 높다. 간암 또한 폐가 너무 강하거나 간이 너무 강해서 앓기 쉽고 대장암은 대장이 너무 크고 실하거나 냉할 때 또는 속열이 많아서 앓기 쉽다. 신장암은 비, 위가 너무 강하거나 신장이 너무 강할 때 앓기 쉬운 특징이 있다.

그러므로 그에 맞추어서 오행차를 마시는 것이 암을 예방하는 가장 좋은 방법이다. 그리고 혹시 자신도 모르는 사이에 암이 발생했을 때는 다음에 소개하는 茶를 꾸준히 마시자. 암을 억제하거나 치료도 될 수 있으며 예방 또한 가능하다.

하지만 무엇보다도 장부의 허실에 따라서 오행차를 마시고 오염되지 않은 환경 속에서 사는 것이 가장 중요하다. 따라서 시멘트집보다 흙집에 사는 것이 좋고 흙집에서도 침대에서 자는 것보다는 온돌방에서 자면 암뿐만 아니라 여러 가지 질병을 치유할 수 있다.

암을 억제하고 예방하는 약재

구름버섯

구름버섯

Coricolus versicolor(L. ex Fr.) Quel.

분포지 전국의 산

구름버섯차

효능

암을 억제하고 예방한다. 습한 기운을 거두어들이며 꾸준히 복용하면 만성 간염에 탁월한 효능을 볼 수 있다. 운지에 들어 있는 다당체는 면역력을 증강시키는 작용을 하고 간세포 손상을 억제시켜주어서 만성 간질환 환자에게 특효하다. 또한 암세포를 제거하고 독성이나 부작용이 거의 없는 게 큰 장점이다.

만드는 법

1. 버섯을 말려서 조각내 달이거나 찐 것을 가루낸다.
2. 0.5~1ℓ 정도의 물에 잘 말린 운지 10~20개 정도를 넣는다.
3. 잘 우려낸 뒤 마시면 된다. 1~2번 달인 뒤 마시는 것보다 3~4번 달인 뒤 마시는 것이 더욱더 효과적이다.

재료

잘 말린 운지 10~20개, 물 0.5~1ℓ

구름버섯
차가운 성질, 약간 단맛

운지라고 부르는 버섯이다. 우산 같은 모양으로 폭이 넓고 흑색, 회색, 갈색 등 여러 가지 색을 띠는 데 짧은 털이 있고 속은 희다. 아랫부분은 흰색, 회색을 띠기도 한다. 운지는 질긴 성질이 있어 재배하는 것보다 순수 자연 상태에서 채집하는 것이 더 많다. 깊은 산중이 아니더라도 어렵지 않게 자연에서 구할 수 있다. 요즘에는 운지의 추출물을 이용해서 드링크제로 만들고 있다.

바위솔

바위솔

Orostachys japonicus A.Berger

분포지 바닷가의 건조한 바위

생육상 다년초(여러해살이풀)

꽃이 피는 시기 9월 꽃색 흰색

결실기 10~11월

다른 이름 옥상무근오, 지붕지기, 와상, 와연화 등

바위솔차

효능

암을 치료하고 예방하는 약성이 있다. 해독 작용이 뛰어나며 간염에 효능이 좋다. 화상을 입었을 때와 독충에 물렸을 때 잎을 찧어바르고 茶로 마시면 낫는다. 신장결석, 방광결석에 좋다. 폐암, 간암, 위암, 자궁암을 비롯한 소화기 계통의 암에 탁월한 것으로 알려진 약초다. 옛 의학책에는 옹종을 치료하는 데 썼다는 기록이 있으며 혈액순환을 좋게 하고 열을 내리며 출혈을 멈추게 하는 작용도 있다.

만드는 법

1. 뿌리와 몸체를 통째로 뽑아서 말린 뒤 달이거나 쪄서 가루를 낸다.
2. 말린 바위솔 뿌리 10~15g, 물 600㎖ 정도를 넣고 끓인 뒤 마신다.

재료

말린 바위솔 뿌리 10~15g, 물 600㎖

바위솔
서늘한 성질, 신맛과 쓴맛

지붕지기라 부르는 다년초이다 오래된 기와지붕에서 자색하거나 산의 바위에서 자생한다. 지붕에서 자라난 바위소나무를 달여 먹고 암을 완치시켰다는 사람들을 가끔 볼 수 있을 만큼약효가 좋다. 단지 꽃이 피고 열매가 맺히면 죽기 때문에 발견하기가 무척 어렵다. 9월에 흰색 꽃이 피며 바닷가의 건조한바위에 붙어 자란다.

오랫동안 복용하면 불로장생하여 신선이 되는 약초

영지버섯

백지(白芝)

Ganoderma lucidum Karst

분포지 전국 각지(제주도 서귀포)

다른 이름 적지, 홍지, 목영지, 균영지, 영지초 등

영지버섯차

효능

암을 예방하고 억제하는 효능이 있으며 간을 보호하고 간염을 치료하는 약성이 있다. 염증을 예방하고 완화시켜주며 신경쇠약에 효능이 좋다. 소화불량에 매우 좋으며 만성 기관지염에 탁월한 효능을 보이는 건강식품이다. 예로부터 영지를 오랫동안 복용하면 몸이 가벼워지고 불로장생하여 신선이 된다는 말이 있을 정도로 영지는 탁월한 효능을 발휘한다.

만드는 법

1. 버섯을 말려서 조각을 내서 달이거나 쪄서 가루를 낸다.
2. 영지버섯 30g을 직경 2~3cm로 쪼갠 후 물 2,000cc를 부어 끓인다.
3. 물의 양이 반절로 줄어들면 5회 정도 반복하여 달인 뒤 달인 물을 혼합하여 마신다. 마시고 남은 물은 냉장고에 넣어 보리차 대용으로 마신다.

재료

영지버섯 30g, 물 2,000cc

영지버섯
평이한 성질, 단맛

영지초, 적지, 홍지, 목영지, 균영지 등 별명이 많은 버섯이다. 참나무 곁에서 자생하며 모양이 우산같이 생겼고 딱딱하고 맛이 쓰다. 영지는 다른 식용버섯과 달리 죽은 후에도 잘 썩지 않고 광택까지 변하지 않는 특성이 있다. 또한 대와 갓의 표면 모두 광택이 있는 1년생 버섯으로 원형이나 타원형이 있다. 「본초강목」에서는 영지를 산삼과 더불어 상약 중의 상약으로 취급하였으며 불로초라 했다.

8장 폐결핵에 좋은 茶

폐결핵은 속열이 많거나 매우 냉할 때 앓기 쉬운 질병이다. 폐 모양이 양산 같으며 맑고 탁한 기운을 주관하는 구멍이 폐 양쪽에 24개가 줄지어 있다. 옛날에는 음식 때문에 앓는 경우가 많았으나 지금은 오염된 환경이 폐결핵 발병의 주요 원인이 된다. 지금도 폐결핵을 앓는 사람들이 많고 사망하는 사람이 2만 명에 이른다니 늘 주의해야 할 질병이다.

폐가 허약하면 오행차 중에서 金茶를 즐겨 마시고 냉하면 火茶를 즐겨 마셔 몸을 따뜻하게 해주어야 한다.

또한 폐가 허약하면 피부가 희고 약하며 실핏줄이 보일 만큼 투명해 멍이 잘 든다. 이런 사람은 피부가 곱다고 좋아할 것이 아니라 언제든 자신이 폐결핵을 앓을 수 있다는 점에 유의해야 한다. 더불어 자신의 체질과 맞는 茶를 즐겨 마셔 사전에 병을 예방하도록 하자.

여인네의 치마폭같은 우아한 자태를 지닌 폐결핵 치료제

목련

목련

Magnolia koba. A.P. DC.

분포지 전국 각 지역

생육상 낙엽교목

꽃이 피는 시기 4월 중순   꽃색 흰색, 붉은색

결실기 10월

다른 이름   신이포, 영춘화, 목필 등

212

목련차

효능

폐결핵에 민간약으로 쓰이며 두통에 효능이 있다. 특히 요통에 탁월하며 뼈가 욱신거리거나 쑤시는 데 효과가 있다. 비염에 효험을 보이며 축농증을 치료해주며 진통제의 약성이 있다. 폐, 비, 담, 위경에 작용한다. 풍사를 몰아내고 규를 통하게 하는 효능이 있으며 치통 등을 치료한다.

만드는 법

1. 센 불에서 물을 팔팔 끓인 다음 식혀준다.
2. 목련은 활짝 피기 전 꽃송이가 오므라져 있을 때 깨끗한 것을 따서 흐르는 물에 살짝 헹군다.
3. 찻물이 어느 정도 식으면 목련꽃잎 9장 정도를 한 잎씩 띄워 향을 우려낸다. 제비꽃이나 홍매가 있으면 차 위에 살짝 띄워도 좋다.

재료

물 3컵, 목련꽃잎 9장, 제비꽃이나 홍매화

목련
따뜻한 성질, 매운맛

마른 가지에 꽃이 먼저 피고 잎이 나중에 나오는 목련은 시골 마을이나 도심 어디에서나 볼 수 있는 흔한 나무다. 4월 중순이면 꽃망울이 터져나오는데 향기가 매우 좋으며 보통 9장의 꽃잎 조각이 활짝 벌어져 보는 이의 마음을 사로잡는다. 종류로는 백목련, 자목련 등이 있다. 목련은 10m 높이로 자라는 갈잎큰키나무(낙엽교목)이며 관상수로 많이 심는다. 꽃이 질 때쯤 넓은 달걀꼴의 잎이 가지에 서로 어긋난다.

부인과의 성약이라 불리는 부인병 치료제
향부자

향부자

Cyperus rotundus L.

분포지 전국의 바닷가 양지쪽

생육상 다년초(여러해살이풀)

꽃이 피는 시기 7~8월   꽃색 적색

결실기 9~11월

다른 이름 사초뿌리, 갯뿌리방동사 등

향부자차

효능

여성들의 스트레스성 질환과 월경불순에 빠지지 않고 들어가는 약재이다. 월경통을 멎게 해주며 진통제 성질이 있다. 위통과 복통을 멎게 한다. 부인과의 성약이라 불리는 향부자는 여러 용도로도 쓰임새가 다양하다. 부교감신경을 조절해주는 역할을 하며 스트레스로 인해 뭉쳐진 근육이나 정신 건강 등에도 좋다. 어깨가 결릴 때나 아랫배가 뭉칠 때 먹으면 효과를 볼 수 있다.

만드는 법

1. 뿌리를 말려서 달이거나 쪄서 가루를 낸다.
2. 말린 향부자 뿌리 9~15g, 물 600㎖ 정도를 넣고 우려낸 뒤 하루 2~3회 나누어서 마신다.

재료

말린 향부자 뿌리 9~15g, 물 600㎖

향부자
따뜻한 성질, 매운맛과 쓴맛

사초뿌리라 하는 다년초이다. 7~8월에 적색 꽃이 핀다. 뿌리줄기가 옆으로 뻗어가고 줄기의 밑부분이 굵어지며 뿌리 끝에 둥근 덩이줄기가 생긴다. 가지에 작은 이삭이 달리며 모양이 선형이고 길이가 1.5~3cm이며 혈적색이 돌고 윤기가 있다. 작은 이삭에는 20~40개의 꽃이 두 줄로 달려 있다. 전국의 바닷가 양지 쪽에서 자생하고 고령, 청원, 밀양에서 많이 재배한다.

9장 중풍, 통풍에 좋은 茶

풍(風)은 간, 심장이 허약한 경우 쉽게 찾아오는 병이다. 통풍도 마찬가지다. 대개 폐가 너무 크고 실하면 상대적으로 간과 심장이 허약해져서 풍을 앓는다. 한 번 풍으로 쓰러지면 고치기 어려워 불치병으로 불린다. 그러나 간과 심장의 혈관을 늘리고 머리에 산소공급만 잘하면 능히 완치될 수 있다.

안면이 실룩대거나 피로하고 눈꺼풀이 자주 떨리는 사람이나 통풍으로 고통을 겪는 사람은 늘 주의해서 간과 심장을 보호해주어야 한다. 또한 무엇보다 자주 성내지 말고 스트레스를 받지 않아야 병을 예방할 수 있다.

중국에서는 이미 한약재에서 간과 심혈관을 늘리고 머리에 산소공급을 잘할 수 있는 성분을 추출해낸 약이 나와 있다. 이것을 응용해 혈관 주사로 풍을 치료하는 의사도 있는데 우리나라에서도 한약재에서 그런 성분을 추출해냈으면 하는 바람이다. 또한 약재를 응용해서 치료제로 사용됐으면 싶다. 그런데 우리나라의 일부 양의학계에서는 한약재를 불신하고 비판하는 경향이 있는데 자연으로부터 찾아낸 동양의 약재를 비하하는 그릇된 사고를 갖지 않아야겠다.

아무튼 풍을 예방하는 데는 간과 심장을 튼튼하게 하는 것이 가장 좋으니 자연에서 풍에 좋은 약성의 초목을 찾아내보자.

구릿대차

효능

풍을 제거하고 습한 기운을 몰아낸다. 통증을 없애주기도 하며 두통을 멎게 한다. 눈이 아플 때와 치통을 앓을 때 효과적이다. 부인병에 효능이 있다. 머리가 아프고 눈앞이 아찔하며 눈물이 나오는 것을 멎게 한다. 옴과 버짐을 낫게 해주며 통증을 멎게 하고 종기에 새살이 나게 하며, 고름을 빨아내거나 삭힌다. 또한 잎은 역마라고 하여 물에 넣고 끓여 목욕하면 시충(尸蟲)이 사라진다. 비염이나 감기로 인해 콧물을 많이 흘리는 데에 좋은 효과가 있다.

만드는 법

1. 뿌리를 말려서 달이거나 쩌서 가루를 낸다.
2. 구릿대 뿌리 6~15g, 물 600㎖ 를 넣고 잘 우려낸 뒤 마신다.

재료 구릿대 뿌리 6~15g, 물 600㎖

구릿대
따뜻한 성질, 매운맛

구리때라 부르는 3년초이다. 잎은 길고 작은 잎에는 톱니가 예리하게 나 있으며 6~8월에 연녹색과 흰 빛이 도는 꽃이 핀다. 향기를 뿜는 방향성 식물로 이른 봄에 부드러운 순을 뜯어서 나물로 먹기도 한다. 한방에서는 뿌리를 주된 약재로 쓰며 약명으로는 청결함이 스스로 극점까지 가서 그쳤다는 의미로 백지(白芷)라고 한다. 계룡산, 속리산, 오대산, 가평, 옥천, 임실, 등지에서 많이 재배한다.

꼭두서니차

효능

통풍을 치료해주며 신경통 치료로 민간에서 이용된다. 하혈을 멎게 하며 경맥을 잘 통하게 한다. 뿌리는 신장과 방광의 결석을 녹이는 데 탁월한 효과가 있다. 결석 수술 후 재발을 막는 데에도 탁월한 효능을 보인다. 부인들의 생리불순이나 자궁출혈, 자궁내막염 등에 좋은 치료약으로 쓰이며, 염증을 없애는 효력이 있어서 황달·부종·타박상·만성기관지염 등에도 쓰인다. 또한 구루병이나 관절염에도 효과가 있고 이뇨작용이 있어 소변이 잘 안 나오는데에도 쓰이며 기침을 멎게 도와준다.

만드는 법

1. 뿌리를 실뿌리까지 다 채취해 말린 뒤 달이거나 쪄서 가루를 낸다.
2. 말린 꼭두서니 뿌리 5~10g, 물 600㎖ 정도를 넣고 끓여 잘 우려낸 뒤 마신다.

재료

말린 꼭두서니 뿌리 5~10g, 물 600㎖

꼭두서니
차가운 성질, 쓴맛

가심자리, 갈퀴잎이라고도 부르는 덩굴식물이다. 줄기가 1m 정도 뻗어나가고 네모졌으며 짧은 가시가 있다. 잎은 끝이 뾰족한 하프형이며 7~8월에 연황색 꽃이 피고 9월에 둥근 열매가 검은색으로 익는다. 옛부터 뿌리에서 붉은색 염료를 얻는 식물로 널리 알려져 있으며 뿌리는 잇꽃과 함께 가장 중요한 빨간색 물감의 원료로 쓰였으나 합성염료가 개발되고 난 후부터는 전혀 쓰지 않는다.

딱총나무차

효능

습기에 의한 통풍과 관절통을 완화시켜준다. 소변을 잘 나오게 도와주며 무좀이 있을 때 가지와 잎을 달인 물에 매일 5분쯤 씻으면 완치된다. 또한 팔, 다리, 손목 등을 삐었을 때 가지와 잎을 끓여서 목욕물로 쓰면 낫는다. 특히 만성 신장염에 효능이 있다. 통풍, 신경쇠약, 구내염, 인후염, 산후빈혈, 황달 등 여러 질병에 약으로 쓴다.

만드는 법

1. 가지 말린 것을 달이거나 쪄서 가루를 낸다.
2. 딱총나무 가지 말린 것 5~10g, 물 600㎖ 정도를 넣고 끓인다. 잘 우려낸 뒤 하루 2~3번 마시면 된다.

재료

딱총나무 가지 말린 것 5~10g, 물 600㎖

딱총나무
평이한 성질, 쓴맛과 단맛

말오줌나무, 자반나물이라 하는 낙엽관목이다. 줄기는 가늘고 잎은 길며 톱니가 있다. 5월에 황록색 꽃이 피며 7월에 암홍색으로 둥근 열매가 익는다. 줄기의 속은 짙은 갈색이고 가지는 회갈색이다. 식용, 약용으로 이용된다. 어린 잎이 주로 식용으로 사용된다. 잎을 접골엽(接骨葉), 뿌리를 접골목근(接骨木根)이라고 한다. 가야산, 팔공산, 울릉도, 덕유산, 치악산, 관악산에서 많이 자생한다.

물푸레나무차

효능

통풍을 치료해주며 신경통에 효능이 있다. 위장을 튼튼하게 해주며 건강하게 도와준다. 소염 작용이 있으며 류머티즘에 효능이 있다. 물푸레나무는 눈병에 신약이라고 불릴 만큼 아주 특효하다. 특히 눈 충혈, 결막염, 트라코마 등 일체의 눈병에 치료제로 쓰인다. 또한 물푸레나무 수액을 자주 복용하면 시력이 상당히 좋아지고 온갖 눈병이 예방되는 효험을 보게 된다. 기관지염이나 천식에도 상당한 효능이 있으며 여성 질환에 특효하다.

만드는 법

1. 나무껍질을 말려서 달이거나 쪄서 가루를 낸다.
2. 물푸레나무 껍질 말린 것 15~20g, 물 600㎖ 정도를 넣고 끓인다. 잘 우려낸 뒤 마신다.

재료 물푸레나무 껍질 말린 것 15~20g, 물 600㎖

물푸레나무
차가운 성질, 쓴맛

낙엽교목으로 나무껍질을 한약재로 진피(秦皮)라 부른다. 귤껍질 진피(陳皮)와 혼동이 되므로 흔히 목(木) 진피라고 부른다. 가지는 가늘고 회갈색이며 잎은 길고 끝이 뾰족한 게 특징이다. 5월에 회색이 도는 흰색 꽃이 피고 9월에는 날개처럼 생긴 열매가 익는다. 높이는 10m이고, 나무껍질은 회색을 띤 갈색이며 잿빛을 띤 흰 빛깔의 불규칙한 무늬가 있다. 잎은 마주나 있는 것이 특징이며 작은 잎은 5~7개이다.

형개차

효능

중풍에 약으로 쓰이며 해수에 좋다. 두통, 한열(寒熱)을 멎게 한다. 허열을 내려주며 빈혈에 효능이 있다. 또한 토혈과 코피를 진정시킨다. 해열작용과 말초혈관의 혈액순환을 촉진하고 정유 성분이 있어 땀을 내는 작용이 있다. 또한 얼굴신경 마비와 같은 증상에 경련을 억제하는 작용이 있고 코피, 장출혈, 자궁출혈, 혈액응고 시간을 단축시키는 역할도 한다. 오한, 식은땀, 두통, 전신의 통증, 풍진, 두드러기, 분만 후 혈액부족에 의한 어지러움증에도 쓰인다.

만드는 법

1. 가지와 잎을 모두 채취해 잘게 썰어 말린 뒤 달이거나 볶아서 가루를 낸다.
2. 말린 형개 가지나 잎 20g에 물 6컵 정도를 넣고 끓인다. 잘 우려낸 뒤 마신다.

재료 형개 가지나 잎 20g, 물 6컵

형개

따뜻한 성질, 매운맛

가소라고 부르는 일년초로 향기가 매우 강하다. 원줄기는 각이 졌고 잎은 원줄기 따라 날개처럼 갈라진다. 원줄기는 높이 60㎝ 정도이며 가지가 갈라진다. 줄기 전체에 털이 있으며 강한 향기가 있다. 잎은 마주나고 깃 모양으로 깊게 갈라져 있는 것이 특징이다. 8~9월에 원줄기 꼭대기에 길게 꽃이 핀다. 형개(荊芥)는 중국이 원산지나 우리나라 전국 각지의 산야에서 자생한다. 전국에서 재배하며 특히 남원과 담양에 많다.

10장 여러가지 질병에 좋은 茶

옛 선인들과 비교해볼 때 현대인들은 여러 가지 질병을 달고 산다 해도 과언이 아니다. 그것은 곧 과학문명의 발달과 비례한다.

현대 문명이 발전에 발전을 거듭할수록 사람들은 더욱더 편리한 생활을 누리게 된다. 보다 빠르고 신속하게 그리고 편리한 삶을 영위할 수 있는 방법을 찾아내 그것을 응용하는 데에 있다.

그것은 기계문명의 발달로 이어지고 사람은 그것들에 속박된다. 뿐만 아니라 대기오염은 더욱 심화돼 자연히 질병에 취약할 수밖에 없는 것이다.

따라서 시대를 되돌리거나 초월해서 살 수 없을 바에는 스스로 건강을 지키는 슬기로운 방법을 찾아내는 것이 현명하다. 바른 식생활과 적절한 운동 그리고 자연으로부터 이익되는 것을 얻어 건강을 지키는 것이 가장 현명하다.

이에 우리를 지켜주는 자연의 초목들 중 어떤 것들이 유익한지 자세히 분류하고 설명을 덧붙였으니 생활을 즐기듯 茶를 즐겨 마셔보자.

간, 담에 좋은 약차

청피차

막힌 간의 기(氣)를 통달하고 혈(血)을 보호해준다. 간, 담에 막힌 氣와 열을 풀어준다. 위에 열이 있을 때도 효과가 좋다. 고혈압과 동맥경화를 예방하고 심장병과 뇌졸중의 위험을 줄여준다. 단, 열매나 잎을 너무 많이 먹으면 배 아픔 증상이 있고 복통이나 설사 등을 일으킬 수 있으니 주의해야 한다.

◈ 만드는 법

1. 청피 열매 껍질을 잘 말린다. 잘 말린 청피 1~2g과 물 700㎖를 넣고 끓인 뒤 마신다.
2. 약성이 강하므로 자주 마시는 것은 좋지 않으며 하루 3회 정도가 알맞다.

시호차

시호는 담에 들었을 때나 해열 작용이 있어 감기 및 학질에 좋다. 해독, 소염에도 효과가 뛰어나며 한열(寒熱)에 탁월한 효과가 있다. 간, 담을 깨끗이 해주고 서로 조화가 잘 되게 한다. 가슴과 복부 통증, 월경통에도 효과가 있다. 간염, 지방간, 간경변 등의 치료에 두루 사용되고 있다. 기력이 떨어진 경우에는 기운을 끌어 올려준다.

◈ 만드는 법

1. 겨울철에 뿌리를 캐서 깨끗이 씻어 햇볕에 말린다.
2. 시호 20g 정도를 물 600㎖에 달인 후 3~6번 정도 나누어 마시면 된다.

두충차

허한 기능을 보양하고 신장을 윤택하게 한다. 또한 강정제로도 좋으며 허리나 무릎이 아플 때도 중요하게 쓰이는 약재다. 임산부의 유산을 예방하며 고혈압에 특효하다. 비타민C 함량이 높아 두충잎을 음용하게 되면 녹차보다 비타민C의 효과를 톡톡히 볼 수 있다. 오래 복용하면 간과 담낭의 기능을 활발하게 해주고 팔다리의 무력감을 없애줘 몸이 가

벼워질 뿐만 아니라 노화를 방지해 늙지 않는다. 보양 작용이 있어서 속에 열이 있는 사람은 갈증이 생길 수 있는데 이 경우에는 칡을 두충의 두배 이상 더 넣고 달인다.

◈ 만드는 법

1. 두충이나 두충잎을 깨끗이 씻어 물기를 뺀다.

2. 차관에 두충 20g, 물 500㎖를 넣고 약한 불로 은근히 달인다.

3. 건더기를 체로 건져내고 국물은 식힌 후 냉장고에 보관한다.

심장, 소장에 좋은 차

인삼차

심장 기능을 강화시켜주며 기력을 왕성하게 해준다. 위를 건강하게 하고 신진대사를 촉진시킬 뿐만 아니라 정신을 맑게 해주며 혼백을 안정시킨다. 사기(邪氣)를 제거하고 눈을 맑게 한다. 폐, 위의 양기(陽氣) 부족에 특효하다. 잎은 강장하고 신경쇠약에 효능이 있으며, 뿌리에는 사포닌 성분이 들어 있어 중추신경의 흥분과 피로를 해소시키며 정력과 체력을 증진시킨다. 고혈압인 사람은 의사와 상담해서 사용하고, 금속 용기에 달이면 좋지 않으므로 주의해야 한다. 단, 열이 많은 체질은 많이 마시면 좋지 않다.

◈ **만드는 법**

1. 인삼을 잘게 썰어 놓는다.
2. 인삼 10g과 물 500㎖ 를 넣고 물이 절반으로 줄어들 때까지 천천히 달인다.
3. 체로 거른 후 잎은 달여 마셔도 좋고 찌거나 그늘에 말린 뒤 가루내 물에 타서 마셔도 된다. 1일 3회로 나눠 마신다.

지치차

심폐를 건강하게 하고 간 기능에 좋다. 피를 깨끗하게 해주고 속
열이 많은 사람이나 변비에 효과가 있다. 화상과 동상, 습진에도
좋다. 지치를 먹으면 포만감이 있어 다이어트에 관심이 많은 여성
들에게 좋다. 또한 해독 작용이 있어 약물 중독, 항생제 중독, 금속
중독, 농약 중독, 알코올 중독 환자에게 지치를 먹이면 신기할 정
도로 빨리 독이 풀린다. 심장병, 악성빈혈 환자도 지치를 말려 가
루내어 6개월쯤 먹으면 완치가 가능할 만큼 신비로운 풀이다.

◈ 만드는 법

1. 지치 10g, 물 400㎖ 를 30분 정도 달여 1회 분량으로 마신다.

2. 대추나 잣 등을 고명으로 띄우면 좋다. 1일 3회 복용한다. 이때 뿌리를 말리거나 가
   루를 내 진하게 달여서 약 한 시간 동안 담근 뒤 뜨거운 물에 타서 茶로 마신다.

비, 위에 좋은 차

칡차

비, 위를 건강하게 해주며 해열 작용이 있다. 생즙을 먹으면 주독(酒毒)이 풀어진다. 당뇨병에도 효과가 있으며 땀을 내게 하고 열을 내려주어 감기에 걸렸을 때 특효하다. 설사를 멈추게 하며 혈액순환을 원활히 하여 어혈을 풀어준다. 비염이나 축농증에도 효과가 좋다. 몸에 뭉친 열을 풀어주므로 스트레스로 폭식을 하는 사람에게 좋다. 뿐만 아니라 금방 열이 오르거나 갈증을 자주 느끼는 사람에게도 좋다.

◈ 만드는 법

1. 쌀뜨물이나 깨끗한 물에 뿌리를 담가 독을 뺀다. 최소한 하루에 물을 2~3회 정도 갈아준다. 검은 물이 나오지 않으면 건져 말려 가루로 만든다.

2. 칡뿌리 30g과 물 600㎖ 를 넣고 끓인 후 기호에 따라서 설탕과 꿀을 첨가하여 먹는다.

생강차

비, 위를 따뜻하게 하고 허증을 보약한다. 신진대사를 촉진시키고 냉습한 기운을 제거한다. 기침과 천식, 감기에 특히 효과가 있다. 두통, 해수, 위가 차서 일으키는 복통에도 좋다. 간장의 활동을 원활히 하고 혈관을 확장시켜 혈액순환을 빠르게 하는 성분이 들어 있어 몸을 따뜻하게 해준다. 또한 찬 음식을 먹고 복통과 설사를 자주 일으키는 사람에게는 위를 보호하고 소화기능을 돕는 역할도 한다.

◈ 만드는 법

1. 생강(크고 내부가 흰 것이 좋다)을 깨끗하게 씻어 물기를 제거한 뒤 껍질을 벗겨 저민다.
2. 재료를 넣고 물 600cc 정도를 넣고 달인다.
3. 마시기 전에 꿀을 참가하거나 실백 호두 3알을 얇게 저며 함께 띄워 마시기도 한다.
4. 생강가루를 사용할 때는 끓는 물에 타서 마시면 된다.

 ※ 생강을 미리 썰어두면 향이 떨어지므로 그때그때 손질해서 마신다.

폐, 대장에 좋은 차

율무차

폐를 맑고 깨끗하게 해주며 비장의 기운을 돕는다. 피부의 혹을 없애주며 주근깨에 효과가 있다. 위통에 좋으며 황달에 뿌리를 달여서 茶로 마시면 특효하다. 정신을 맑게 하고 집중력 향상에 좋으며 성인병에 아주 훌륭한 식품이다. 사마귀를 제거해주며, 각종 영양소도 풍부하며 체력을 튼튼하게 하고 머리를 좋게 하는 효과가 있다. 신진대사를 원활하게 해주며 피로 회복, 자양 강장에 도움을 준다.

◈ 만드는 법

1. 열매를 껍질째 가루낸다.

2. 율무 20~25g을 600㎖의 물과 함께 차관에 넣고 보리차를 끓이듯이 약한 불로 끓인 뒤 마신다.

3. 껍질을 벗긴 율무를 재료로 쓸 때에는 10~15g 정도를 사용하는 것이 적당하며 껍질 벗긴 율무도 볶아서 사용한다. 율무를 천으로 만든 자루에 넣어 끓이거나 포장된 율무차를 사용하면 편리하다.

물봉선화차

위궤양 치료제로 쓰인다. 해독 작용을 한다. 타박상에 바르면 가라앉는다. 씨앗은 민간에서 사독, 난산 등의 약으로 쓰며 염료로도 사용된다. 생선가시가 목에 걸렸을 때 흰 봉숭아 씨앗을 가루내어 물에 타서 마시면 곧 가시가 녹아서 없어진다. 고기나 생선을 삶을 때 봉숭아 씨앗을 몇 개 넣으면 고기가 부드러워지고 뼛속까지 물렁물렁해진다. 여성이 난산으로 고생할 때 봉숭아 씨앗을 가루내어 물에 타먹으면 골반 뼈가 부드러워져서 순산할 수 있게 된다.

◈ 만드는 법

1. 잎사귀를 말려서 달이거나 쪄서 가루를 낸다.

2. 썰어 말린 봉숭아 줄기 35g을 물 600㎖ 정도에서 끓인다.

3. 약한 불로 한 시간쯤 달여서 물이 반쯤으로 줄어들면 미지근할 정도로 식혔다가 마신다.

변비에 좋은 차

삼차

변비를 치료해주며 월경과다인 여성들을 치료해준다. 난산에 효능이 있으며 산모가 젖이 없을 때 젖을 많이 나오게 한다. 건망증이나 기억력 감퇴에 효과가 좋다. 또한 정력을 강화시켜주며 당뇨병에 효능이 좋다. 특히 씨를 달여서 마시면 효과를 볼 수 있다. 그러나 오랫동안 마시면 쾌락 환각작용이 있어 마비증세가 올 수 있으므로 주의해야 하며 치료되면 더이상 먹지 말아야 한다.

◈ 만드는 법

1. 삼 50g과 물 7컵 정도를 넣고 끓인 뒤 잘 우려낸 후 마신다.
2. 끓일 때 대추 5개 정도를 넣고 마시면 더 좋은 맛을 느낄 수 있다.

하늘타리차

씨앗과 뿌리에 약효 성분이 다분히 들어 있다. 씨앗은 변비를 치료하는 효능이 있으며, 해수 천식을 멎게 하고 협심증에 좋은 효과가 있다. 또한 담을 없애고 소염 작용을 하는 약성이 있어 씨앗과 뿌리를 함께 달여서 茶로 마시면 늑막염에 효과를 볼 수 있다. 뿌리는 해열과 구갈증을 해소하는 효능이 있다. 또한 목이 붓고 아프거나 종양에 의한 통증, 호흡기 질환, 해열, 어린아이들의 피부병에 좋은 약성이 있어 효과를 볼 수 있다.

◈ 만드는 법

1. 뿌리와 씨앗을 말려서 달이거나 쪄서 가루를 낸다.
2. 말린 하늘타리 뿌리 6~12g을 물 600㎖ 정도를 넣고 잘 우려낸 뒤 마신다.

위장병에 좋은 차

일엽초차

위장병 치료제로 민간에서 주로 쓰이며 위암에도 효능이 있다. 임질에 효능이 있으며 지혈 효과가 있다. 이뇨 작용이 있어 오줌을 잘 나오게 해주며 신장염에 탁월한 효능이 있다. 기침을 할 때 가래에 피가 섞여 나오는 증상이 있을 때 좋다. 이질이나 해수, 토혈, 요도염이나 신장염, 부종, 경풍 등에 좋다. 이밖에 임질, 타박상, 뱀에 물린 상처, 대장염 치료 등에도 쓰인다.

◈ 만드는 법

1. 줄기 전체를 채취해 말려서 달이거나 쪄서 가루를 낸다.

2. 말린 일엽초 15~20g과 물 600㎖ 정도를 넣고 끓인다. 잘 우려낸 뒤 마신다.

차조기차

위장병 중에서도 특히 위염에 좋다. 해열 작용과 기관지염에 효능이 있으며 진통제 효능이 있다. 입 안이 부르텄을 때 매우 좋다. 식중독을 치료하는 약효가 있다. 차조기는 방부 효과가 뛰어날 뿐 아니라 콜레스테롤을 제거하는 성분을 갖고 있다. 게다가 비타민 A와 C의 함량은 다른 야채도 부러워할 만큼 뛰어나서 건강식품으로도 많이 사용되고 있다. 설사를 자주하는 사람들에게 탁월한 효능을 보인다.

◈ 만드는 법

1. 차조기 잎을 따서 깨끗이 씻은 다음 그늘에서 말린다.

2. 말린 차조기잎 20g과 물 600㎖ 정도를 넣고 끓인 후 잘 우려낸 뒤 마신다.

3. 진하게 달이면 쓴맛이 강하므로 설탕이나 벌꿀을 약간 타서 마셔도 좋다.

자궁수축과 대하증에 좋은차

관중차
대하에 좋은 약성이 있다. 여성의 자궁을 수축시키는 작용이 강하다. 해독, 해열, 살충 작용이 있다. 혈관을 수축하며 혈압을 낮추어 준다. 호흡, 중추, 흥분작용이 있고 심장활동을 억제해 혈관을 수축시키므로 몸이 냉한 사람은 먹지 않는 것이 좋다. 또한 몸에 좋으나 지나치게 많이 마시는 것은 오히려 해로울 수 있으니 주의가 필요하다.

◈ 만드는 법
1. 뿌리를 말려서 달이거나 쪄서 가루를 낸다.
2. 관중 말린 것 10~20g, 물 600㎖ 정도를 넣고 잘 우려낸 뒤 마신다.

봉선화차
씨앗은 대하증에 효능이 있으며, 어패류에 중독되었을 때 독을 풀어주어 해독 작용까지 가미하고 있다. 독사에 물렸을 때 잎을 찧어 붙이면 좋다. 멍이 들거나 타박상이 있을 때도 즙을 붙이면 낫는다. 관절염, 류머티즘에 가지와 잎을 함께 달여서 茶로 마시면 효과가 좋다. 무좀, 습진, 편도선염이 있을 때나 소화불량이거나 생선을 먹고 체했을 때도 효능을 발휘한다.

◈ 만드는 법
1. 씨앗 10개에 물 반주전자를 넣고 달여서 마신다. 봉선화 씨앗은 독성이 강하므로 씨를 20개 이상 한꺼번에 먹으면 생명에 위험이 있다.
2. 잘 우려낸 뒤 마신다.

석위차

대하증 치료와 부인병 치료로 민간에서 사용한다. 오줌을 잘 나오게 도와주며 해열 작용이 있다. 폐경, 방광경에도 작용한다. 잎은 임질, 혈뇨, 요로결석, 신염 등을 치료하며, 뿌리는 통림, 지혈 등에 사용하고, 석위모(잎의 작은 털)는 화상을 입었을 때 바르면 효과적이다. 진해 · 거담 작용, 이뇨 작용 등에 탁월한 효능을 보인다.

◆ 만드는 법

1. 뿌리와 가지, 잎을 모두 채취해 말려서 달이거나 쪄서 가루를 낸다.
2. 석위 20~30g, 물 500~1ℓ 를 넣고 끓인다. 잘 우려낸 뒤 마신다.

월경불순, 월경통에 좋은 차

뱀무차

월경불순에 민간약으로 쓰이며 소변이 잘 나오지 않을 때 특효하다. 종기가 났을 때는 잎을 찧어서 붙이면 효과가 있다. 복통에 효능이 있으며 골절상을 입었을 때 좋다. 한방과 민간에서는 위궤양, 고혈압 등과 잇몸에 피가 날 때 다른 약재와 처방하여 쓰면 효과가 좋다. 특히 피나는 잇몸 치료에 매우 탁월한 효과를 보인다.

◈ 만드는 법

1. 뿌리를 제외한 줄기와 잎 전체를 채취해 말린 뒤 달이거나 찐다.
2. 말린 뱀무 15g 정도와 물 4ℓ 정도를 달여 물이 반으로 줄어들면 적당히 나누어 마신다.

쉽싸리차

부인병 치료에 특히 많이 쓰인다. 월경불순을 낫게 하거나 산후조리에 탁월한 효능이 있다. 또한 폐경, 월경통, 산후 어혈로 인한 복통이나 몸이 붓는 데에 효과적이다. 요통에 효능이 있으며 수종(水腫)을 치료해주며 신경통에 좋다. 특히 노폐물과 독소를 배출하는 데 뛰어난 역할을 하며 이뇨 작용과 지방분해 작용, 전신부종, 배의 수분 정체 등에 사용되며 유행성출혈도 예방한다.

◈ 만드는 법

1. 입과 줄기를 뿌리 부분에서 채취해 잘게 썰어서 말린 뒤 달이거나 볶아서 가루를 낸다.
2. 말린 쉽싸리 뿌리나 줄기 6~12g 정도를 물 600㎖에 넣고 끓인 뒤 마신다.

바위손차

월경불순, 월경통에 효과가 빠르다. 불임증에 효능이 있으며 하혈에 좋다. 빈혈 치료와 탈항(脫肛)에 좋은 약성이 있다. 위통을 멎게 해주며 백대하에 좋은 약성이 있다. 정신을 안정시키고, 혈액순환을 좋게 하며, 여성의 자궁출혈이나 장출혈, 혈뇨에도 효과가 있다. 폐암, 간암, 유방암, 자궁경부암, 소화기암 등 암 치료에도 사용한다. 간염, 편도선염, 유선염증 등 염증질환에도 효과가 있다고 알려져 있다.

◈ 만드는 법

1. 월경불순, 월경통, 위통, 백대하 증상엔 입과 줄기 모두를 뿌리 가까이에서 잘라 생으로 달여서 茶로 마시고 그 외는 볶은 뒤 달이거나 가루내 茶로 마신다.

2. 잘 말린 부처손 줄기나 뿌리 2~9g, 물 600㎖ 정도를 넣고 끓인다. 잘 우려낸 뒤 마신다.

장구채차

월경불순을 치료해주며 지혈이나 진통 작용에 탁월한 효능이 있다. 진통약으로서 부인의 난산(難産)에 좋은 약성이 있으며 종기의 독을 없애주는 역할을 한다.

◈ 만드는 법

1. 줄기와 가지의 얇은 겉껍질을 가볍게 벗겨내고 잘게 썰어서 말린 뒤 달이거나 쪄서 가루를 낸다.
2. 말린 장구채씨 말린 것 18~36g, 물 600㎖ 정도를 넣고 끓인다. 잘 우려낸 뒤 하루 2~3회씩 나누어서 마신다.

화살나무차

월경통에 묘약이며 신경통을 치료하는 효능이 있다. 지혈 작용이 있으며 산후복통에 좋다. 또한 혈액 순환을 좋게 해주며 산모가 젖이 잘 나오지 않을 때 젖을 잘 나오게 한다. 체중을 증가시켜주며 갖가지 항암작용에 상당한 효력을 발휘한다. 단전호흡을 잘못하여 기가 위로 치밀어 올라 생긴 병, 귀신 들린 병, 크게 놀라서 생긴 병 등을 고치는 것으로 민간에서 전한다. 당뇨병 환자에게는 화살나무 열매가 인슐린을 조절해주는 역할을 한다. 하지만 가능한 임산부에게는 쓰지 않는 것이 좋다.

◈ 만드는 법

1. 줄기와 가지를 말려서 달이거나 쪄서 가루를 낸다.
2. 화살나무 어린 줄기 5~10g, 물 300㎖를 넣고 하루 3차례 나누어 마신다.

체질별로 마시는 茶의 중요성

太양은 火氣가 충천해서 열이 많은 체질이고 태음은 水氣가 태과해서 냉한 체질이며, 소양은 냉한 중에 열이 있고 소음은 열한 중에 냉함이 있는 체질을 말한다. 물론 크게 보아 틀린 말은 아니다. 그러나 속은 열하고 겉은 냉하며 속은 열한 체질도 있는데 네 가지 성질만으로는 결코 사람의 체질 내지는 장부의 허실을 다 알 수 없다. 뿐만 아니라 판단 기준 역시 애매해서 정확성이 떨어진다. 그럼에도 툭 하면 태음인이니 소양인이니 하는 사람들이 있는 걸 보면 참 알다가도 모를 일이다.

어찌되었건 사상(四象)으로 체질을 판단해내는 것은 무리임에 틀림이 없으므로 남의 말만 듣고 그렇게 믿어서는 안 된다. 하지만 의명학론이라면 능히 오장육부의 허약성쇠를 알고 체질을 알 수 있다. 다만 처음부터 배우려면 어려운 데다 그 깊이가 무궁무진해서 필자도 통달했다고 자부하지는 못한다.

이렇게 말하고보니 나의 자랑이 좀 심했나 보다. 하지만 자신의 체질을 안다는 것은 건강을 지키는 일인 만큼 꼭 알아두어야 한다.

따라서 체질에 맞게 茶를 마셔야 건강하게 오래 살 수 있고 흉한 운명도 극복할 수 있다.

그러면 지금부터 구체적으로 오장육부의 허실을 판단해보자.

먼저 간, 담의 허실과 병증을 어떻게 하면 알 수 있을까?

우선 자신의 성질부터 조용히 되돌아보자. 혹시 성질이 급해서 작은 일에도 버럭 화를 내지 않는가? 타인의 잘못에 대해 지나치게 증오하고 미워하지 않는가? 자신의 실수를 뼈저리게 고민하거나 스트레스를 받지는 않는가? 욕을 하면 목소리가 커지고 혹독하면서도 잔인한 말을 퍼붓지는 않는가? 또 무슨 일이건 결단은 빠르되 서두르거나 초조해하지 않는가?

이런 사람은 비, 위가 약한 것이 흠이고 잘 체하는 경향이 있다. 간, 담이 너무 크고 실할 때 일어나는 현상인데 외형적으로는 살(肉)이 두텁지 못하고 근(筋)이 강해서 팔 힘이 센 반면 마른 편이어서 비만 걱정은 없다. 그러나 간, 담의 기능도 쉽게 저하될 뿐만 아니라 비, 위를 크게 상해 큰 병에 걸릴 확률이 대단히 높다.

습관이란 무서운 것이어서 한 번 성질을 부리면 간, 담이 두 번 성내는 에너지를 생성하게 되고 두 번 성내면 네 번 성내는 에너지를 생성하게 된다. 그러면 간, 담은 제 역할을 잊고 성내는 데만 습관이 돼 스스로 병들고 비, 위까지 손상시켜 만성 소화불량, 위수축, 위하수, 위염, 위궤양, 위암 등으로 병을 전위시킨다. 뿐만 아니라 운명도 쇠퇴시킨다. 운명은 오장육부의 기운이 평등할 때 상승하고 어느 하나의 기운이 허물어지면 허물어신 ㅗ 기운이 천지기운에 의해 억압당하게 돼 쇠퇴해지기 때문이다.

그러므로 간, 담이 너무 크고 실해 자주 성내는 사람은 비, 위에 좋은 土茶도 좋고, 심장과 소장에 좋은 火茶도 좋으며, 폐, 대장에 좋은 金茶도 좋다. 이 세 가지 茶를 수시로 즐겨 마시되 간, 담을 생각하고 어질고 착한 마음으로 편하게 茶를 마시는 습관을 길러보자. 간, 담이 활발한 생명활동을 할 뿐만 아니라 茶의 약성에 의해 비, 위가 저절로 건강해진다.

반대로 스스로 생각해서 겁이 많고 평소에 어질고 착하다가 작은 충격에도 견디지 못하거나 자신도 모르게 신경질이 불쑥 일어나지 않는가를 돌이켜보자. 또 손톱, 발톱이 딱딱 부러져 깎이거나 얇아서 흰 줄이 나 있고 저절로 부러지지는 않는가? 손아귀에 힘이 없어서 물건을 쥘 때 힘이 약하거나 발을 잘 접질리지는 않는지, 허리가 아프지 않은지 생각해보자.

이런 사람은 간, 담이 허약한 체질인데 손톱, 발톱이 깨지고 허리 디스크가 있거나 손에 쥔 물건을 무심코 떨어뜨릴 정도가 되면 간, 담의 기능이 매우 허약해져서 곧 병이 들 증세다.

이 경우 간, 담에 약이 되는 木茶를 하루에도 몇 번씩 즐겨 마시면서 손아귀와 발목 허리 운동을 병행하면 머지않아 건강해진 자신을 발견할 수 있다. 그러나 간, 담이 약한 사람은 폐와 대장에 약이 되는 金茶와 비, 위에 약이 되는 土茶는 먹지 않는 것이 좋다. 폐, 대장의 기운이 간, 담의 기운을 억제하기 때문이다.

다음은 심장, 소장의 허실을 어떻게 알 수 있을까?

큰소리로 잘 웃고 말할 때 발음이 또박또박하면 대개 심장과 소장이 크고 실한 사람이다. 그러나 가장 분명하게 알 수 있는 것은 피부가 희고 약해서 멍이 잘 들고 몸에 열이 많은 사람은 심장과 소장이 크고 실한 사람이다. 그리고 이마가 양 볼에 비해 좁은 편이고 주름이 깊고 굵은 사람이 많다. 열이 심하면 머리카락이 검지 못하고 퇴색되는 경우도 있다.

이렇게 열이 많으면 겨울에도 내의를 입지 못하고 찬물에 목욕해도 춥지 않은 체질이어서 건강을 자부하는 사람이 많다. 그러나 겨울에 내의 안 입고 냉탕에서 목욕한다고 건강을 자부했다가는 나중에 큰일을 당할 수 있다.

열이 많으면 비, 위에 큰 병이 들거나 폐, 대장 계통이 취약해 큰 병에 걸릴 확률이 대단히 높다. 작게는 비염, 변비, 갑상선, 만성 피로, 아토피와 같은 각종 피부병, 축농증, 위염, 위궤양 등이 있으며 큰 병으로는 백혈병, 위암, 폐암, 대장암, 직장암, 췌장암 등이 해당한다.

그러므로 이렇게 열이 많은 체질은 먼저 신장, 방광에 약이 되는 水茶와 폐, 대장에 약이 되는 金茶를 수시로 즐겨 마셔야 한다. 水茶는 열을 내리고 신장, 방광을 보해주고 金茶는 맵고 서늘한 성질이 있어서 폐, 대장을 보해주기 때문이다. 그러나 인삼차, 쑥차, 커피 등 火茶는 열을 더하므로 오히려 해를 줄 수 있다.

반대로 잘 웃다가 잘 슬퍼하는 등 감정의 변화가 심하면 심장, 소장이 허약하다. 이런 사람은 몸이 냉한 것이 특징이며 저혈압 환자가 많은데 목소리가 가늘고 발음이 때때로 정확하지 못한 경우가 있다. 외향적으로는 주름이 가늘고 이마가 넓으며 머리카락이 검고 많아도 (심장, 소장이 너무 허약하면) 머리카락이 쉽게 희어진다. 피부는 가무잡잡한 편이 대부분이지만 저혈압의 경우 창백하기도 하다.

자신의 체질이 이와 같으면 폐, 대장에 약이 되는 金茶와 신장, 방광에 약이 되는 水茶는 절제하고 간, 담에 약이 되는 木茶와 심장, 소장에 약이 되는 火茶를 즐겨 마셔야 한다. 만약 그대로 두면 반드시 대장에 병이 와서 변비가 있고 자궁이 냉습해 자궁질환을 앓거나 손발이 저리고 허리 아픈 증세가 또다시 나타난다. 심하면 자궁암, 심근경색, 대장암 등에 취약하므로 유념해두자.

비, 위의 허실을 알고자 하면 다음과 같다.

비, 위는 살(肉)을 주관하므로 크고 실한 사람은 몸집이 뚱뚱하면서 살(肉)이 많지만 단단하지 못하다. 젊은 시절이야 탄력이 있지만 운동을 하지 않으면 금세 아랫배와 엉덩이가 처지는 체질로 바꿰게 된다. 대개 행동이 굼뜨고 잠이 많으며 피로를 쉽게 느낀다. 또 숨이 거칠거나 가슴으로 숨을 쉬는 사람도 있다.

이런 체질은 몸이 냉습한 경우에는 간, 담에 약이 되는 木茶와 심장, 소장에 약이 되는 火茶를 마시되 木茶를 더 많이 마시는 것이 좋다. 다음으로 폐, 대장에 약이 되는 金茶를 하루 한 잔 정도 곁들이면 비만 해소에도 도움이 된다.

그러나 살(肉)이 많지 않으면서 쓸데없는 근심 걱정이 많은 사람은 비, 위가 허약해 만성 소화불량에 시달려 위가 늘어지거나 위염이나 위궤양을 앓기도 쉽다. 비, 위는 특히 근심 걱정을 싫어한다. 안 해도 될 자질구레한 주변 일에 노심초사하다보면 비, 위가 제 할 일을 잊고 근심 걱정의 에너지만 생출하게 되므로 결국 병들고 만다.

그러므로 근심 걱정을 마음 밖으로 날려보내는 습관을 길러야 한다. 그러다보면 점차 마음이 평온해지면서 낙천적으로 변할 것이다. 또한 비, 위에 약이 되는 土茶와 심장과 소장에 약이 되는 火茶를 수시로 즐겁게 마시면 어느새 건강한 자신을 발견하게 된다.

폐, 대장의 허실을 알고자 하면 피부와 체격을 관찰해보면 된다.

폐, 대장이 크고 실한 사람은 뼈대가 굵되 목이 짧고 가슴이 넓으며 피부가 두텁다. 또 숨을 가슴으로 쉬는 경우가 많은데 이런 체질은 폐질환을 앓기 쉽다. 폐, 대장이 너무 크고 실하면 대장염, 대장암, 폐결핵, 폐암에 대단히 취약하다. 뿐만 아니라 간, 담의 기능도 쇠퇴해 간, 담이 치명적인 손상을 입을 수 있다.

그러므로 이런 체질은 심장, 소장에 약이 되는 火茶와 간, 담에 약이 되는 木茶를 즐겨 마셔야 폐, 대장이 온전하고 간, 담도 건강해진다. 만약 비, 위에 약이 되는 土茶와 폐, 대장에 약이 되는 金茶를 즐겨 마시면 반드시 폐, 대장은 물론 간, 담까지 병든다.

반대로 뼈대가 약하고 피부가 희며 투명한 사람은 폐, 대장이 대단히 허약하다. 피부에 멍이 잘 드는 데다 시퍼런 자국이 쉽게 가라앉지도 않는다. 성격적으로도 비애(悲哀)에 잘 젖어서 우울증에 걸리기 쉬우며 심한 경우 자살을 기도하는 사람도 있다.

따라서 폐가 허약하면 마음부터 달라져야 한다. 늘 기쁜 일만 생각하고 자신과 타인의 단점보다 장점만을 기억하는 것이 좋다. 단점만을 생각하면 우울증이 심화돼 폐를 더욱 상하게 하지만 장점만을 생각하면 마음이 즐겁고 생활도 활력이 넘칠 뿐만 아니라 폐도 저절로 건강해진다. 여기에 폐, 대장에 약이 되는 金茶를 수시로 마시면 어느덧 건강한 자신을 발견할 수 있을 것이다.

심장에 열을 주는 火茶나 간, 담에 좋은 木茶는 폐를 더욱 약화시키므로 가끔 마시는 것이 좋다.

끝으로 신장, 방광의 허실을 알고자 하면 먼저 몸에 열이 많아서 더위를 참지 못하는 대신 추위를 잘 견디는지 아니면 몸이 차서 더위를 좋아하고 추위를 싫어하는지 자신을 관찰해보자.

열이 많으면 신장, 방광이 허약하고 추위에 약하면 신장, 방광이 크고 실하다. 소장, 방광이 크고 실하면 대개 머리카락이 검고 숱이 많은데 너무 냉하면 오히려 머리카락이 많이 빠지고 일찍 희어진다. 또 몸매는 날씬하며 주로 밤길을 혼자 걷지 못할 만큼 두려움을 많이 가진다.

속은 매우 냉습한 데 비해 겉 열이 많고 속은 매우 열하며 겉은 매우 찬 체질이 간혹 있다. 이런 체질은 의명학 논리로만 분석이 가능하다. 다만 속이 냉하고 겉 열이 많은 체질은 대개 머리카락이 많이 빠지고 빨리 희어지며 키가 크고 비만한 사람이 많다. 또한 피부가 검은 편이며 술을 많이 마시는 습성이 있다. 그러나 속열이 많고 겉이 찬 체질은 피부가 희고 약하며 키는 보통이고 조금 뚱뚱한 몸집에 머리카락 색깔이 좀 노란 빛으로 퇴색된 사람이 많다.

여하튼 신장, 방광은 정력을 주관하고 생명을 지속시키는 힘의

근원이므로 관리를 잘해야 한다. 허약하면 정력이 떨어지고 생명
도 짧아지지만 건강하면 늙음도 늦게 오고 여성의 경우 폐경도 쉽
게 찾아오지 않는다.

 그러나 신장, 방광이 너무 크고 실하면 심장병, 당뇨, 저혈압, 고
혈압, 자궁병, 허리디스크, 만성 변비, 대장염, 대장암 등을 앓을
수 있으므로 심장에 약이 되는 火茶를 많이 먹어서 몸을 따뜻하게
해야 한다. 또 비, 위를 건강하게 하는 土茶를 많이 먹어서 냉습한
기운까지 흡수해줘야 한다. 하지만 정력에 좋다고 폐와 신장에 속
하는 茶를 많이 마시면 오히려 역효과를 줄 수도 있으니 주의해야
한다.

 반대로 신장, 방광이 허약하면 만성 피로 증세가 있고 다리가 잘
붓는데다 기억력도 떨어지며 여성은 폐경이 빨리 오고 골다공증,
폐병, 대장병, 위장병 등을 앓는다. 이런 사람은 폐에 약이 되는 金
茶와 신장, 방광에 약이 되는 水茶를 즐겨 마셔야 건강해진다. 火
土에 속하는 茶는 적게 먹는 것이 좋다.

알아두면 편리한 한약재 구입처

◈ 경동 약령시

서울시 동대문구 제기동에 위치한 경동시장은 조선 효종 2년(1651년)왕명에 의해 최초로 한의학을 민족의약으로 계승 발전시키기 위하여 설립된 약령시장으로, 본격적으로 번창하기 시작한 것은 1995년 6월 서울시가 이 시장을 전통 한약시장으로 지정하면서 부터이다. 이후 경동 약령시장은 한약도매상, 한약방, 한의원, 건재상 등으로 구성된 1천여 회원이 협회를 구성하여 시장의 활성화를 위한 다양한 행사와 사업을 벌이고 있다.

경동시장에는 약업사, 한의원, 약국, 상회 등 각기 다른 이름의 가게가 있는데 약업사는 한약 수출입상으로 현재 50여 곳이 성업 중이며 한의원은 3백여 곳, 건강식품류의 농산물을 도소매하는 상회는 1백여 곳에 달한다. 경동시장의 약전골에는 크고 작은 한약상과 한의원, 한약수출업체 등이 밀집되어 있어 전국 한약재의 약 3분의 2가 이 시장을 통해 유통되고 있다.

지하철 1호선 제기역 하차, 도보 5분
서울약령시협회 : 02-969-4793
제기동 '경동 약령시장' http://www.kyungdongmart.com
동대문 제기동지역 시장 정보 사이트 e경동시장
http://www.internetkyungong.or.kr

◈ 한국 생약협회

전국에서 한약재를 재배하는 국내 생약 생산자 단체로 국산 한약재 전문매장 운영 등을 통해 국산 한약재의 경쟁력 제고와 우리 생약 살리기 운동을 꾸준히 전개해 나가고 있으며, 그 일환으로 제기동에 '국산한약재상설매장'을 개설 운영해 오고 있다.

http://www.koreaherb.or.kr / Tel. 02-967-8133

◈ 농협 하나로클럽

전국 농협의 유통 센터인 하나로클럽에서도 한약재 코너를 만날 수 있다. 인터넷 사이트로도 주문할 수 있으며 생산지가 명기된 국산 한약재를 구입할 수 있다.

http://hanaro-club.com

◈ 대구 약령시장

대구 약령시장은 조선 효종 9년(1658) 경상감사가 직무하는 감영의 소재지로 집결하는 약재 가운데 좋은 것은 중앙기관으로 상납하고 그 나머지를 일반인들에게 판매하면서 시작되었다. 대구를 비롯해 공주, 전주, 원주, 진주, 청주, 충주, 의주 등에 유명한 약령시가 있었는데 그 가운데 가장 오래되고 융성했던 곳이 대구 약령시장이다. 매년 5월 초에 축제를 개최하며 축제 기간 중에는 한약 썰기 경연대회, 한방 무료 진료, 보약 증정 등의 행사가 있다. 한편 약령시 전시관에는 희귀한 약재와 한방 고서 등 한방 관련 유물과 자료들이 전시되어 있다.

http://herb.daegu.go.kr
대구 약령시 보존 위원회 : 대구 중구 남성로 51-1 Tel:053-253-4729

◈ 제천 약령시장

조선시대부터 있었던 전국 3대 약령시장 중 하나로, 시내 화산천
을 중심으로 형성되어 왔다.

1993년 화산동으로 이주한 후, 200년 충북 1호 제천 약초 웰빙 특
구로 지정되면서 더욱 활성화되어 가고 있다. 2005년 제천시 한방
특화사업으로 마련된 산지 경매장을 운영함으로써 생산자와 소비
자의 가교 역할을 담당하고 있다.

http://www.jcyakcho.org
충북 제천시 화산동 987번지 Tel: 043-647-0109

◈ 금산 약령시장

1981년 제1회 금산인삼제를 개최하여 오늘에까지 이르고 있다.

금산에서는 전국 인삼 생산량의 80%가 거래되고 있는데, 이곳에
는 재래시장, 국제시장, 수삼센터, 인삼 약령시장, 쇼핑센터 등이
자리잡고 있다.

http://www.geumsan.go.kr/festival 금산 인삼 축제

◈ 대전 한의약거리

대전시 대전역 앞 중앙동 한의약거리

대전역 부근의 중앙동 한의약거리는 6.25전쟁 직후부터 본격적으
로 형성되기 시작하여 현재는 한약재 도 · 소매, 탕제업과 한약방,
한의원 등이 고루 분포되어 있다.

지금까지 108여 가지의 약초차를 오장육부별로 분류하고 또 질병별로 분류해 소개하였다. 아직도 수백 종류의 약초차가 있으나 이 정도면 어떤 질병이라도 서로 배합해서 사용하면 치료 효과를 볼 수가 있다.

또한 질병별로 분류한 약초차들은 일반적인 질병 10여 가지만 소개하였으나 약초차 70여 가지와 오행차 80여 가지 중에서 그 효능을 자세히 읽어보면 정력증강, 발기불능, 불면증, 황달병, 심장병, 요통, 치통, 히스테리 증세, 십이지장궤양, 위산과다, 탈모증, 갑상선암, 식욕부진 등등 분류하지 않은 많은 질병을 예방하거나 치료할 수 있는 약초차들이 다 들어 있다. 일반적으로 알고 있거나 알지 못하는 대부분의 질병에 해당하는 약초가 모두 소개돼 있다고 보면 된다.

그러므로 응용만 잘하면 스스로는 물론 가족과 타인의 건강을 지키는 데에도 많은 도움이 되리라 확신한다.

이 책을 건강 지침서로 활용해 틈틈이 읽고 자신의 지식으로 완전하게 받아들여서 늘 활용하기를 바란다.

仙昊 정경대

■ 주요 참고 문헌

『동의보감』　　　허준

『본초강목』　　　이시진

『본초비요』　　　왕앙

『신농본초경』　　하북과학기술 출판사

『중약대사전』　　상해과학기술 출판사

『신농본초경소』　중국중의약 출판사

『식물도감』　　　도서출판 지식서관

■ 도움 주신 분

김규열 : 원광디지털대학교 한방학과 교수, 한의학 박사

윤화숙 : 한국 인삼산업전략화협회 부회장

김영훈 : 서울경동시장 마을한약방

이홍식 : 도서출판 지식서관 대표

석종진 : (주)농본 대표이사

찾아보기